7招

唤醒女神气质

水纤纤 著

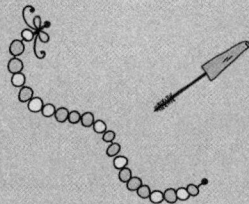

花山文艺出版社

图书在版编目（CIP）数据

7招唤醒女神气质/水纤纤著. —石家庄:花山文
艺出版社，2018.7（2020.7重印）
ISBN 978-7-5511-3986-1

Ⅰ.①7… Ⅱ.①水… Ⅲ.①女性－修养－通俗
读物 Ⅳ.①B825-49

中国版本图书馆CIP数据核字(2018)第107027号

书　　名：**7招唤醒女神气质**
著　　者：水纤纤

责任编辑：刘燕军
责任校对：齐　欣
美术编辑：胡彤亮
出版发行：花山文艺出版社（邮政编码：050061）
　　　　　（河北省石家庄市友谊北大街330号）
销售热线：0311-88643221/29/31/32/26
传　　真：0311-88643225
印　　刷：三河市华东印刷有限公司
经　　销：新华书店
开　　本：650×940　1/16
印　　张：15.5
字　　数：190千字
版　　次：2018年10月第1版
　　　　　2020年7月第2次印刷
书　　号：ISBN 978-7-5511-3986-1
定　　价：35.00元

立志成为女神，首先要提升你的气质

　　在竞争越来越激烈的现代社会，对女性来说，来自工作、爱情、婚姻的压力越来越大。你的颜值可以不高，但是一定要有气质。因为风范、品位、衣着、见识、谈吐、举止、休闲方式和认知水平都体现了一个人的格调，这些细微的品质确立了你在人们心中的位置。比如在千千万万的求职者中，如果你形象出众、气质高雅，就很容易脱颖而出，给面试官留下很深刻的印象；在优秀的男士面前，如果你秀外慧中，就会打败无数的"恐龙"，令他拜倒在你的石榴裙下。还有，即使你结了婚，也不会成为张爱玲笔下那一抹蚊子血或者饭黏子，而面对"小三"的来袭，你也完全可以从容不迫。

　　居里夫人曾经说过：17 岁时你不漂亮，可以怪罪于母亲没有遗传给你好的容貌；但是 30 岁了依然不漂亮，就只能责怪自己，因为在那么漫长的日子里，你没有往生命里注入新的东西。确实，你没有让自己变得更出众，归根结底都是你的责任，因此你必须立志成为人们口中所说的"女神"。

究竟什么样的女人才能称之为女神？我们所熟知的女神的代表有林徽因和林青霞。林徽因是中国著名的建筑学家和作家，被胡适誉为"中国一代才女"。她是一个美丽又聪慧的女子，活得乐观而执着，让徐志摩怀想了一生，让金岳霖牵挂了一生，让梁思成宠爱了一生，更是让世间形形色色的男子仰慕了一生。拥有精致容颜的林青霞也是无数男子梦中的女神，她的演技精湛、性格爽朗，是秦汉和秦祥林难以忘怀的女子，更是得到了富商邢李原的无限宠爱。虽然林青霞已过上了富太太的生活，可她并没有舍弃自己的兴趣与爱好，出版了两本散文集《窗里窗外》和《云去云来》。当然，在我们身边，类似的女神还有很多，在此就不一一列举了。

也许有读者会说，要成为林徽因和林青霞这样的女神实在是太难了，因为她们天生丽质，我们根本就不可比拟。其实，每个人都是有缺陷的，只是我们不知道而已。就连古代四大美女也并非完美无缺：据说素有"沉鱼"之誉的西施长着一双大脚；让"落雁"为之惊叹的昭君是窄肩；貂蝉的遗憾在于耳朵极小；杨贵妃就更不用说了，据考证她的体重接近一百四十斤。她们之所以闻名天下并非仅仅因为美貌，而是她们也有着出众的智慧和美好的心灵。

但是在当今社会，仅仅拥有美好的心灵是不够的。不可否认，长相漂亮的女人在生活当中很容易让人产生好感，事业成功的概率也比较高。在社交场合，漂亮又有气质的女人在为人处世上相对来说更为自在和自信。那天生长得不漂亮怎么办？随着医学技术的发展，这种先天不足的问题已经得到了根本的解决，那就是美容整形。光子嫩肤、拉皮、注射玻尿酸、去脂，各个部位的整形都已经不是难事，但前提是你必须有很多钱，而且能够承受整形带来的痛苦。

世上没有丑女人，只有懒女人，只要你精心打扮自己，提升自己的气质，即使长得再丑也是可以改善的。若是你运气好，说不定别人还觉得你长得有个性，也不失为一种美呢！这类女人最典型的就是中国名模吕燕了，她的长相并不符合中国人的审美标准，却得到了外国人的青睐。她脸大、眼睛小、鼻子塌，就连以前走路都是弯腰佝背的。吕燕还是学生的时候，对自己的长相不太满意，因此在人前很不自信。后来，她到一家模特培训公司练习步伐，纠正走路的姿态。渐渐地，她对模特这一行业产生了兴趣。一次偶然的机会，经纪人带吕燕去北京时，中国著名形象设计人李东田发现她长得虽不美，但很有特点，于是就为她拍了一组照片，从此她的事业竟一发不可收拾。吕燕开朗的性格给人一种温和的亲切感，使得在她身边的人都感受到了她的活力。当摄影师替她拍照时，她灿烂的笑容会感染每一个人。只要需要，她就会摆出各种造型配合拍照，与她一起工作的每一个人都很喜欢她，说她具有很强的合作精神。直至后来她去了巴黎，就是凭着她的勇气和微笑，为自己在这个时尚之都打开了一条新的道路。短短几个月时间，吕燕引起了世界最著名的时尚杂志《VOGUE》的注意，让她为杂志拍摄了许多照片，还参加了著名走秀品牌CHRISTIAN DIOR 及 LACROIX 的走秀表演。吕燕一时名声大噪，迅速在巴黎时尚圈蹿红。

如果你长相平凡，完全可以通过妆容来修饰与改善；如果你的身材臃肿，也可以通过运动或练瑜伽来达到减肥的目的。总之，你不要再为自己的懒惰找任何借口了，想要变成一位气质美女，得到别人的欣赏与赞美，就必须狠下一番功夫。

　　我之所以写这本书，就是希望能帮助一些想让自己变得更优秀的女生。连丑小鸭都可以变成白天鹅，毛毛虫也可以蜕变成蝴蝶，你有什么不可以？一定要坚信自己会变得更好，千万不要认为自己不屑于成为那些美艳女子，或者唾弃红颜祸水……当你心仪的男生喜欢的是比你漂亮的女生，当你面试时输给了比你优秀的美女时，难道你就甘心成为永远被人忽视的女生吗？

　　当然，光有美貌的女人也是不行的，因为美貌是有时效性的，时间是女人最大的敌人。除了美貌，内在的修养和气质也非常重要。一个有内涵的女人，她会由内而外散发出一种迷人的气质，让你即使年老也会充满魅力。靳羽西女士曾经说过，气质与修养不是名人的专利，它是属于每一个人的。气质与修养也不是和金钱、权势联系在一起的，无论你从事何种职业，处于任何年龄，你都可以拥有你独特的气质与修养。当然，对于某些人来说，气质是与生俱来的，比如出身在富贵家庭，受过良好教育的大家闺秀，气质自然会比乡下的姑娘要好很多。但这并不意味着乡下的姑娘就不可能有气质了，只不过后天的气质培养要困难一些，主要是看你有没有恒心和毅力去改变自己了。

　　如果你下定决心要变成一个气质美女，那么就要从今天做起，信念比什么都来得重要。在蜕变的过程中，或许你需要一枚指南针，或许你还需要一盏明灯，那么，希望这本书可以让你轻松到达彼岸。

目录

第五章　高雅情趣，最耐人寻味的风情

第六章　调节情绪，来一个华丽的转身

第七章　充实自己，做内外兼修的真正女王

第一章

服饰得体，散发十足女人味

女人要懂得展现你的美丽

每一个时期的女人都是一朵千娇百媚的花。虽然谁也阻止不了岁月的脚步，但是我们仍然可以在每个阶段都活得精彩，活得漂亮。

二十多岁的女子是一朵芬芳的百合，纯真无邪，美得张扬，即使不施脂粉也不会黯然失色，因为青春就是你无敌的武器。作为这个时期的女子，你自信、有主张，可以有很多自由的选择，有很多可以追逐的梦想，毕竟年轻的憧憬总是美好的。可你也必须明白，追逐梦想需要不断地努力，才会有实现的一天。

三十多岁的女子是一朵艳丽的玫瑰，美得不动声色，举手投足间却散发着万种风情。作为这个时期的女子，你睿智又多疑，往往在艰难的选择中演绎着成熟而又敏感的自己。但是，你要相信自己有足够的能力和精力去应对工作和家庭中的各种局面。

四十多岁的女子是一朵高雅的兰花，气定神闲，温馨可人，即使沉默也别有一番韵味。这个时期的女子是最矛盾的，你总在不再年轻和不算太老的现实中炙烤着自己的心。可你却不知，自己正处在事业发展的稳定期，经验丰富、处事圆滑，其实这正是一个可以充分展现能力的年龄段，你只要适应角色的转换，就能时刻保持活力与激情。

五十多岁的女子是一朵恬淡的菊花，久经情感与风霜的美，使得你全身上下都渗透着优雅。这个时期的女子，已经不用再为事业打拼，从此过上怡然自得的生活。你有着成熟和从容的优雅气质，经过岁月的沉淀，内心丰富，待人宽容，极易获得别人的尊重和好感。

无论你是什么花儿，都要努力绽放出你的美丽，让淡然、责任、奋斗成为你的养料，开出自己的个性，开出属于自己的精彩。一个女人可以老去，但不能变丑，你完全可以利用自身的气质与气场，让人们暂时忘却你的年龄。因为美丽是女人的天职，你会成为他人眼中一道亮丽的风景，并为世界增添一抹亮色。这个世界需要美丽的女子去点缀，无论在社交场合、在写字楼或者在晚宴上，人们看到那些漂亮又有魅力的女人，会得到赏心悦目的视觉享受。

但是，我发现有很多女性都不懂得如何展现自己的美丽。即使是天生丽质的女人，若是戴着厚厚的近视眼镜，素面朝天，不修边幅，站在人群里也一样会被淹没；一个长相平凡的女人若是懂得修饰妆容，注重穿衣搭配，那么她就会吸引别人的目光，并获得重视。在现实生活中，真正的气质是从骨子里散发出来的，绝不是矫揉造作的。所以我们一定要注重自己的形象，对别人热情、仪态端庄、充满自信、保持幽默感，这样就能很好地展现自己了。

杨虹就是一位不懂得展现自己的女子。她工作能力很强，与同事们相处得很融洽，美中不足的就是她的外表，因为她不爱打扮，不修边幅。她一直都弄不明白，为什么比她晚来三年的同事安娜都升迁为自己的上司了。杨虹的工作一直都很认真努力，甚至比安娜还负责，可是升迁却总也轮不到她。但很多同事都十分清楚，杨虹之所以不能升迁，都是因为她的外表。每次遇到重要的事情想要她接洽，老板总是担心客户会对她产生不好的印象，继而认为他们的公司是一家不注意形象、不敬业的公司。或许在某些人看来，在工作中能力才是第一位，美貌不能当饭吃。但是，人的行为是受精神和物质多方面的刺激和影响的，当人们看到不美好的事物时，大脑中自然出现反感和抗拒的意识，这就会影响事情的结果。安娜虽然工作能力和经验比不上杨虹，但是她懂得打扮自己，知道如何让自己看起来更漂亮。

漂亮又有魅力的女人在社交场合更易获得优待和肯定，在生活中也是如此，她们因为美丽而自信，认为命运就操纵在自己的手里，不会受到逆境的摆布。外貌在女人通向成功的道路上其实起着很大的作用，从古至今，许多美女都在历史上扮演着重要的角色。因为美丽的女人会产生一种强大的吸引力，就像是一个磁场，能把人们聚集在她的身边，对她津津乐道，并为她打开绿色的通道。

很多女性只注重学识和能力，而忽略了对自身形象的塑造，结果必定会对自己的工作和生活造成困扰。能力和美丽其实并不矛盾，有能力又美丽的女人，才是更加优秀的女人，也才能够在职场和生活中拥有更多获取幸福的机会。这时有人会问，如果我本身长得不漂亮，是不是注定我的人生就失去阳光了呢？答案当然是否定的。虽然外貌是天生的，但气质和魅力却可以后天培养，只要学会展现自己，便可以替自己的外表加分。歌后王菲刚出道的时候，形象也很一般，直到她去国外进修，回来后气质就大不相同了，形象也变得前卫起来。她找到了凸显自己个性的装扮，连带着自己的演艺事业也风生水起。在娱乐圈，这样的例子还有很多：蔡依林自从走性感路线之后，也由名不见经传的歌手成为中国台湾乐坛叱咤风云的歌星；林心如据说是在矫正了她的两颗虎牙以后，演艺事业才腾飞而起的，如今的她变得越来越漂亮，越来越有味道。

　　每个人都有自己的个性，必须找到适合自己的装扮，才能在美女如云的社会中脱颖而出，增强自己的竞争力。我不赞成一个性格活泼好动，说话大大咧咧的女孩，为了讨好别人，硬是把自己打扮成长发披肩、斯文秀气的模样，那样不仅让别人看上去感觉别扭，自己也会觉得很压抑。流行时尚的东西，不一定都是适合自己的，前提是必须找到符合自己个性，能突出自己优点的服饰来，这样你才有可能变得更美。

　　一个有魅力的女人懂得如何去展现自身的美丽，从发型、服装、饰品，甚至是鞋子，都能找到适合自己性格的装扮，这样才会令人赏心悦目、过目不忘。但光有外表显然还不够，同时还要培养自己优雅的气质，女人的气质之美只有深扎在文化与阅历的沃土里才会枝繁叶茂。当优雅代表你的性格时，事实上你已把握了自己的人生，如此才能获得更多人的信任和看重。

解读时尚，穿出你的个性

很多女性都追崇流行时尚，但每个人对时尚的理解都不同。有的人认为时尚即是简单，与其明艳奢华，不如朴素简约；有的人认为时尚是富裕、奢华的生活模式才能体现；有的人则把时尚单纯地理解为标新立异，那些与自己不同风格的女人就会被她视为老土、落伍。

对一些人来说是时尚的东西，而对另一些人来说可能不是。比如很多时尚达人都有帆布情结，喜欢帆布衣饰，认为那代表一种简约、自由和随性的生活态度。随着城市白领的压力越来越大，象征挣脱束缚、享受自由的帆布生活受到更多人的追捧。对普通人来说，时尚带给人的是一种愉悦的心情，能体现出不凡的生活品位，并展露个性。无论是在精神上还是物质上，人们对时尚的追求，总能促使人类的生活变得更加美好。总之，时尚是个包罗万象的概念，它的触角深入生活的方方面面，但人们一直对它争论不休。因为也有反对者认为时尚是大众文化，以新奇、庸俗为荣，是一种没有独立价值判断的生活方式，所以时尚总是在不断地变化，无法以个人眼光判断究竟何为时尚。

而有些人认为，标新立异才是时尚，比如一头五颜六色的头发，一个夸张的浓妆，甚至戴着超大的鼻钉、唇钉，然后再穿上稀奇古怪、五彩缤纷的衣服。其实这并非是潮流，而是非主流。在如今个性张扬的时代，非主流也算一种时尚，只不过被大部分人默默地忽视罢了。非主流和潮流的最大差别在于，非主流是让大多数人都不能认同、无法接受的形象。

一个时期的潮流时尚是流行文化的表现。时尚可以指生活中的各种事物，例如时尚发型、时尚人物、时尚生活、潮流服饰等。流行时尚是某个时段内的产物，它是短暂性的，因为时尚纷繁复杂、多种多样，因此，某一种时尚，它的停驻时间是短暂的。当这种时尚的停驻时间延长到一定阶段时，时尚就在不知不觉中演变成了流行。

每一个时代都流行着不同的时尚，但它们有一个共性，就是在特定时段内率先由少数人尝试，后来才被社会大众所崇尚。早在 20 世纪以前，西方国家的女性服装是非常复杂的，里外层层叠叠。有一阵子，流行细腰，所有女性就都用束腰把自己的腰勒得紧紧的，只为了能显示出自己纤细的腰肢来。我还记得在电影《泰坦尼克号》中女仆给露丝穿束腰的场面，只见她深深地吸了一口气，后面的女仆就用尽全力把她的束腰勒紧。通常束腰的材料都是用鲸骨、木板，或者更硬的材料制作而成，所以束腰的过程非常痛苦，甚至有的女性还在束腰上留下了斑斑血迹。可是为了能在聚会上显示出自己纤细的腰肢，她们还是忍痛把折磨人的束腰穿在自己身上。当时的女性不光束腰，而且还穿了一些特有的东西，目的是为了能让自己的胸部看起来更丰满。后来，美国人玛丽·菲利浦发明了内衣，这个简单的服饰才取代了女性里面穿的复杂的构件。

法国时尚学院和巴黎 HEC 商学院认为，懂得穿着的内涵是时尚最重要的。时装是一种态度，和谐的组合、色彩的搭配、产品的多样性反映了内在的品位与修养。法国品牌最看重的是高品质，即色彩的设计、精致的面料及做工。在法国市场，性价比是消费者最看重的，当然裁剪合身也十分重要。如今，创意与创造才是法国设计师所追求的，他们认为，时尚只是外壳，灵魂才是最重要的。

时尚是一个有趣的东西，多少男女都沉迷于此难以自拔。许多女人为了买到自己心仪的名牌包包而陷入癫狂，那是男人们无法想象的。时尚总是今天来明天走，一些人不知道其中有什么东西是不变的，但我喜欢关注时尚中不变的东西，那就是时尚文化。追求时尚是一门艺术，模仿和从众只是初级阶段，而它的至高境界应该是从一波又一波的时尚潮流中抽丝剥茧，萃取出它的本质和真义，来丰富自己的审美和品位，从而打造专属于自己的美丽模板。追求时尚不在于被动地追随，而在于理智而熟练地驾驭，时尚更是每个时代不同的流行元素，更多的时候时尚是你自己。因为时尚潮流并不一定就完全适合你，睿智的女人应该懂得从中找到适合自己的时尚，凸显出自己的个性。

每个女人都有自己的个性，盲目地追求时尚是不可取的，因为流行的东西并不一定适合你，所以你在追求时尚之前，应该结合自己的性格特点和经济能力。很多女人追崇国际一线品牌，比如 Louis Vuitton、Prada、Gucci、Chanel、Dior 等，这些奢侈品牌的服饰当然会是最精致、最潮流的东西，但是你必须考虑到自己的经济能力是否能够承受。我不赞成有些女性为了买到一个 LV 的包包，宁愿饿着肚子，省吃俭用，辛辛苦苦存上半年的工资。工薪阶层的人也去买奢侈品，有的是虚荣心在作祟，不想低人一等；有的是把时尚生活当作自己的一种追求，以释放生活的压力。不管出于何种原因，我觉得这样做都没有必要。一个经济条件普通的人，即使全身名牌，对你知根知底的朋友们，并不会因此仰慕你；相反，如果一个成功人士偶尔不穿名牌，别人也不会认为他是落伍的，世界首富比尔·盖茨平时穿着就很随意，因为他根本不需要靠这些去体现自己的身份。所以，东西并不是越贵就越好，最重要的是适合自己。

但有一点你必须要记住，不是衣服选你，而是你挑选衣服。比如一件时下最流行的衣服，如果穿到你的身上，能否凸显出你的个性？还是穿上这件衣服只会让你看起来更可笑？如果是后者，我劝你还是摒弃这种时尚，因为衣服穿在你的身上，是为了让你看起来更漂亮、更时尚、更优雅，而不是让你穿上去显得滑稽可笑。这就是我前面提到的，要从时尚潮流中抽丝剥茧，萃取出它的本质和真义，从而找到真正适合自己的时尚，凸显出自己的个性。其实每个奢侈品的服装都有自己的时尚理念和内在精神，而这些理念和精神都是针对特定的人群和对象的。比如 Prada 的精神就是独立、强悍，有非常强的中性色彩，它适合四十岁以上的女强人；Chanel 则是为三十岁以上的女士所设计的，它的理念和时尚追求是体现女人的优雅，那些十几岁、二十几岁的年轻女性根本无法诠释香奈儿的韵味；而 Anna Sui 则是专为年轻女性设计的，特别适合那些小鸟依人般的女子，所以，这个品牌的衣服看起来色彩绚丽、前卫新颖。有很多整天穿着时髦服装，拿着名牌提包的女士并不一定了解这些，只是盲目地追求时尚。她们所谓的时尚品位，不过就是简单的金钱与品牌的关系而已。

究竟如何穿衣服才能凸显出自己的个性呢？每个人都有不同的个性，根据性格的不同，也就有不同的服饰装扮。下面我就以两种不同类型的女生来做示例。

第一种是清新的长发女生。

1.素色的波点裙是当前的时尚款，适合轻便外出。宽松的剪裁，没有束缚感，适合各种身材的女生穿着，外加一条蝴蝶结的腰带，延长了下半身的线条，凸显出女性的曲线之美。

2.田园风的拼接碎花长裙搭配白色的针织衫，打造一个极具亲和力的造型。配合上你的乐观和微笑，相信能感染每一个人。

3.甜美风格的高腰线娃娃裙搭配运动开衫，为了保持风格的统一，要选择紧身的开衫款式。这种不同风格的混合搭配，会让你的装扮非常出挑。

4.靛蓝色上衣搭配红色的高跟鞋，一上一下形成非常惹眼的色彩对比，中间再配一条白底艳花热裤，作为对比色的衔接恰到好处。

5.复古味道的黑底白花裙，绝对跻身当前流行迷你装扮之列，再搭配一双红色的鱼嘴高跟鞋，严谨的服装与时髦的鞋子，是绝对个性的装扮。

第二种是干练的短发女生。

1.宽松的小短款是短发女生的最佳搭配单品，具有甜美风格的热气球图案，满满的都是幸福感，穿搭简单的同时，张扬着青春个性。

2.豹纹款的针织开衫符合短发女生干练独立的个性，搭配一条黑色的裙裤，简单又不会显得很随意。

3.欧美条纹的帅气外套，内搭白色的小衬衫，短发女生可以轻松穿出学院风。近几年一直流行前短后长的设计，其最大特色就是：一是显腿长，既可以秀出纤细腰部，又从视觉上拉长腿部比例；二是能掩饰臀部，短发女生穿起来很有复古的味道。

4. 星星印花的衬衫搭配宽松的牛仔哈伦裤，休闲随意又有不羁的气质，短发的女生穿着更为合适。

5. 白色的连衣热裤个性十足，在搭配时选择热门的金色饰品。因为在白色的衬托下，金色饰品非常吸引目光。

要想成为时尚达人，就要多留意每一季的时装发布会，感受那些服装大师的搭配。平时多看一些女性时尚网站，翻阅最新的时尚杂志，这样有助于提高自己对时尚的品位。切记不盲目追求潮流，懂得如何展现自己的个性。衣服是配角，你才是主角，穿出自己时尚的独特魅力，这才是潮人的真谛。

确立自己的着装风格

　　女人的衣橱里永远少一件衣服，那是因为女人对衣服永远不会满足。为了跟上潮流的脚步，所以总要为新的衣服留一个位置。女人衣橱里的高价衣服应该是全部衣服的三分之一，因为雪纺、薄纱、蕾丝这些面料的衣服，必须买质量好的，否则任何一个拉丝和线头都会显得廉价。其实，一件得体的小黑裙、一件有质感的大衣、一件剪裁精良的衬衫，都是你出席任何场合能够搭配的最好服装。你的衣服不用全部都买价格昂贵的名牌，但是包包和鞋子就一定要买品质高的，当然也不是越贵越好，要学会挑选和鉴赏能体现一个女人终极品位、简洁却经典的鞋包。与别人交往时，这样的女人会让人感觉到心思细腻，值得深交。

　　我们生活在五彩缤纷的色彩世界里，对于女人而言，色彩的作用更是不言而喻。色彩不仅可以展现出我们的美丽，还能展现出自己独特的个性。但是，并不是每一种颜色都适合你。暗灰色的衣服会使脸色苍白的女人罩上一层阴影，瞬间显得精神萎靡；

稍暖一些的浅红色衣服，可使苍白的面容变得容光焕发，生机勃勃；阴冷的青紫色衣服会使肤色偏黑的女人失去光泽，这时，便可选用浅色系衣服以冲淡服色与肤色的对比。那么，如何才能正确选择适合自己的颜色呢？

首先，要仔细观察你面部皮肤的颜色。虽然亚洲人普遍都是以黄皮肤居多，但也有偏白或是偏黄之分，那些平时不注重保养皮肤的女人，甚至还会出现深褐色和偏黑的肤色。有些人可以从镜子里清楚地辨别出自己的肤色，但有些人却不太能确定。那我就教大家一个简单的小方法：准备两张彩色的卡纸，粉红色的代表冷色调，黄色代表暖色调。在光线充足的镜子前，把你的头发绾起，再把两张卡纸分别放在下巴的下面，仔细观察肤色，看看哪个颜色会显得你肤色有光泽感和更显气色，就可以得出你究竟属于哪个色系了。还有一个更为直接的方法，就是看你手腕血管的颜色。如果蓝色血管比较多，你就属于冷色调肤色；如果绿色血管比较明显，那你就属于暖色调肤色。

其次，要清楚自己属于什么体形。如果是体形偏胖的女士，无论你的肤色属于哪个色调，都不能选择浅色系的衣服，特别是白色与粉红色，这只会起到增加你肥胖度的视觉效果。就连鲁迅先生都曾经说过："人瘦不要穿黑衣裳，人胖不要穿白衣裳；方格子的衣裳胖人不能穿，但比横格子的还好；横格子的胖人穿上，就把胖子更往两边裂着，更横宽。胖子要穿竖条子的，竖的把人显得长，横的把人显得宽。"这位文学大师的穿衣经，完全是因为看过美学书籍得来的。确实如此，体形偏瘦的女子，穿上深色系的衣服，只会让你显得更为瘦骨嶙峋罢了。

最后，要明白自己适合与禁忌的颜色。暖色调肤色的女人适合橙色、粉红色、苹果绿、柠檬黄等明亮的色彩；不适宜蓝绿色、深蓝色、灰色等，会显得脸色暗淡无光，毫无生气。冷色调肤色的女人适合墨绿、枣红、深蓝、紫色，它们会让你看起来自然高雅，但不适宜卡其色、粉红色和柠檬黄等。

俗话说，三分长相，七分装。由此可见，穿衣打扮是多么重要。但是人的体形多种多样，如何巧妙地扬长避短，衬托出人体的自然美，这也是服装的一大任务。下面我就来介绍几种不同体形女人的穿衣方法。

均匀体形：这种女人的身材就像葫芦，胸部、臀部丰满，腰部纤细，曲线玲珑，适合穿低领上衣，搭配紧身窄裙，这会让你看起来十分性感。总的来说，这种体形的人穿什么衣服都好看。

苗条体形：这种女人的身材苗条，胸部适中，臀部扁平，腹部及大腿没有赘肉，也是比较容易穿衣的，但要避免穿紧身衣裤，适合穿着打褶的裙子和宽松的套头衫。

倒三角体形：这种女人胸部瘦小，肩膀较窄，腹部和臀部丰满，形状就像一个梨。由于臀部肥大的关系，往往形成腰线提高，上身较短的视觉效果，适合穿宽松的西服，目的是要避免别人对其腰部的注意力。其次，上衣要宽松，长度以遮住臀部为宜，打褶的长裤配上宽大的夹克，也能美化这种体形。切记避免穿紧身衣裤、宽皮带和打褶的裙子。

肥胖体形：这种女人的身材矮胖，腰身较粗，可以借助开衫掩饰，运用夸张的上身和下摆，使腰部相对纤细。需选择质地柔软，偏冷色系的服装，不宜穿质地粗厚、色彩热烈的。这种体形要绝对避免穿紧身裤子，那样只会暴露缺点，要穿样式简单的长裤，颜色选择透明度较低的暗色。尽量把注意力放在上身，佩戴色彩鲜艳的丝巾、珠宝或装饰物为佳，不适合及膝靴子、紧身衬衫、大花格子衣服、粗横条纹衫或背后有口袋的长裤。

瘦小体形：这种女人的身材瘦小，腿较短。高腰连衣裙或者宽腰带就是最好的选择，还可以选择颜色偏浅、质感较强、款式简洁的服装，避免选用色泽深沉、质地硬挺、线条复杂的服装。由于受身高的限制，服装可变化的范围较小，如果以为穿上很高的高跟鞋或梳高耸的发型，就能使得身材瘦高，那是白费心机的，而且还会显得滑稽。最佳的穿着是整洁、简明、垂直线条的褶裙和直筒长裤，还有从头到脚同色系列或素色的衣服都会使你显得轻松自然。

穿衣服除了跟体形有关，还应该结合自己的性格，不同个性的女人会有不同的穿衣风格。如果选择的风格错误，就会变得格格不入；如果衣服穿对了，则会令你全身散发出自信的光彩，并展现出你的个性美。你有没有试过穿上某件衣服时感觉自己连气质都变好了？那正是穿对衣服的感觉！穿衣风格还能在很大程度上体现一个人的精神面貌、个性甚至是人品，所以才有"衣品如人品"一说。美丽是女人的终生事业，谁都想一直优雅下去，那么就从找到适合自己风格的衣服入手。我可以向大家推荐几个朋友的穿衣喜好，看看你是否和她们一样，以便确立自己的穿衣风格。

1.晓琪

性格：文静、甜美

年龄：23岁

体形：瘦小型

风格：田园

她生得小巧玲珑、乖巧可爱，对人很有礼貌，从小受到格林童话故事的渲染，心中始终有一个公主梦。她时刻都希望自己打扮得很漂亮，无法忍受那些穿着家居服，梳着马尾辫素面朝天就出门的女孩。她觉得她们总是抱着侥幸心理，认为不会碰到熟人，但事实并非如此，她们所到的地方已经给别人留下了不好的印象。

她是一个坚持穿戴整齐才会出去逛街的人，她很喜欢买衣服和配饰，时刻追赶着时尚的脚步。但是，她很清楚自己需要什么，绝不会因为一条裙子非常漂亮但并不适合自己而买，我猜想她衣橱里的服装应该都是一个风格的，看看她都有哪些代表性的服装吧：

①一条碎花棉布长裙

②一条灰色法兰绒直筒裙

③一件季候风格子大衣

④一条军绿色背带裙

⑤一件白色小洋装

⑥一条牛仔拼花连衣裙

⑦浅粉色纯棉两件套毛衣

2.雪曼

性格：热情、开朗

年龄：33 岁

体形：均匀型

风格：欧美

她的身材看起来无可挑剔，全身上下都是名牌，配饰也是很多女人梦寐以求的。她的着装成本不低，为了打扮自己付出了极大的努力。她知道怎样实现自己对生活乐趣的追求，也享受这样的过程。

她说："穿衣服并不烦琐，当要参加重要的晚宴时，我会提前仔细斟酌。但是一般情况下，我会随着心情穿自己喜欢的衣服，当然什么场合我会搭配什么衣服，从来没有失误过。"让我们来看看她的衣橱里都有哪些代表性服装吧：

①一条圣罗兰的黑皮革铅笔裙

②一套香奈儿套裙

③一条波西米亚风格长裙

④一条带刺绣的旗袍裙

⑤一件火红色的双排扣大衣外套

⑥一条海军蓝透明紧身裙

⑦一件白色真丝衬衣

3. 辛迪

性格：敏感、独立

年龄：30 岁

体形：苗条型

风格：朋克

她是一个我行我素的人，喜欢摄影。她不爱说话，给人感觉不善交际，但了解她的人，会知道她其实很好相处。她说："我不喜欢色彩斑斓，所以我的衣柜里不会出现太多鲜艳的衣服。"眼前的她其实长得很漂亮，但给人感觉很冷酷，一条很长的黑皮绳穿起来的珍珠灰贝壳项链慵懒地绕在她的脖子上，长得快要到她腰带上的扣环、超大的耳环、黑色的半长靴、黑色的太阳镜。其实她的穿戴谈不上经典，那套衣服上的所有部件看起来并不特别，但是她却穿出了与众不同的味道来。她告诉我，她选衣服从不违背自己的直觉，并让我打开了她的衣橱：

①一件朱红色休闲连帽拉链卫衣

②一件奶油色软皮夹克

③一个两件套黑色羊绒衫

④一件黑色亮皮金属夹克

⑤一件李维斯牛仔外套

⑥一件宽松款棉料无袖衬衫（中性裁剪风格）

⑦两条破洞牛仔裤

4. 念薇

性格：文静、沉稳

年龄：42 岁

体形：肥胖型

风格：素雅

她在外工作，回家还要照顾孩子，她可能认为自己不需要讲究穿着，但是又想让别人看到她最好的面貌，并给自己的孩子树立榜样。迈入中年以后，她特别喜欢素净的颜色，并且衣服一定要穿起来舒服。她已经在素净色的基础上建立起了自己的服装标准，但偶尔也会增添一抹亮色。不管什么季节，她都倾向于不同程度的中性色彩：夏天主要是白色系、蓝色系；冬天更依赖黑色和驼色。她觉得这些颜色的衣服无论在什么情况下，也不会出错。她衣橱里的代表性服装如下：

①一件木炭色羊绒外套

②一件浅棕色无领皮夹克

③一件黑色呢子大衣

④一件浅褐色绸缎衬衫

⑤一套宝姿咖啡色西装长裤套装

⑥一件苔藓绿天鹅绒夹克

⑦一套宝蓝色职业套裙

我们都应该知道最适合自己的服饰，是那些受到大部分人赞美的物件，而绝对不是挂在衣柜里从来不穿的衣服。我们的生活方式在建构自己的衣橱中有着举足轻重的作用，要坚信——我能通过这些衣服展示我的个性。

服饰搭配，能体现着装的魅力

身为女人，必须知道基本的穿衣搭配，什么场合穿何种服饰都有讲究，万不可闹了笑话。出席正式场合，你不能穿着休闲 T 恤和牛仔裤，那是不礼貌的行为。约朋友去打球，如果你穿着花哨的裙子和高跟鞋，那简直就是作秀。还有，奉劝上班族的女士们，最好不要穿吊带背心和超短裙，会给人以轻浮与不端庄之感，若是穿上一身简洁的职业套装，就会让周围的人心生好感。而服饰的搭配也有以下两个方面需要注意。

第一，服饰搭配要依据场合来调整。上班的职业套装必须搭配高跟鞋或者船形鞋，不能穿着厚重的靴子或者球鞋。外出旅游时，衣服可以穿得适当休闲些，可以搭配球鞋以及运动型的腕表。参加晚宴的"V"形领连身长裙则要搭配一双高跟鞋，经典的尖头高跟鞋可以拉长脚面与身材的距离。

第二，服装搭配禁止颜色太乱，身上的颜色不能超过三种，包括搭配的包包以及鞋子。在配色时，必须注意衣服色彩的整体平衡以及色调的和谐。通常浅色上衣不会发生平衡问题，因为下身即使穿暗色也没有多大问题。但如果是上身暗色，下身浅色，鞋子就扮演了平衡的重要角色，它应该是暗色比较恰当。内外服装的配色应该有主次之分，外衣浅则内衣深，外衣深则内衣浅，过于接近会感觉主次不分，缺乏生气。

衣服穿好了，配饰则是服饰搭配的另一重要环节，因为它们传递着一种力量、一种魅力，更能表达出一个女人的自信。或许对于能增加女人独特风格的服装来讲，配饰只是一种添加成分，但其实它更能反映个人的风格，营造出个人的魅力。如果你能巧妙地运用配饰，就能让一件旧东西瞬间焕发光彩，表现得非常具有创造性，也会让你变得与众不同。如果形容衣服是画布，那配饰就是画中的作品，它能让衣服变得更引人注目，同时极富表现力地传递出主人的风格与品位。

我有一个闺蜜就做得很好，她向我演示了一种配饰使用的技巧，这种技巧可以让同一件黑色吊带连衣裙穿在身上十年也不会过时，而且仍然保持着它特有的魅力。有时搭配一条轻盈飞舞的薄纱围巾，随风飘拂的薄纱质地，让她美如仙子；有时套上一双长至手肘的亮皮手套，让她极富个性；有时还会佩戴镶着珠宝的金耳环和同款项链，让她光彩夺目。

她很喜欢收集配饰，简直到了没有配饰不能生活的地步。围巾和披肩零乱地堆在架子上，鞋子多得超出我的想象，一些名贵的提包，一条石灰色蛇皮腰带，几双长短不一的皮手套，还有那些五颜六色的珠宝装满了她的首饰盒。

每天，哪怕只是出去买一个面包，她都少不了种种配饰：超大的耳环（各种式样的耳环）、围巾（丝质、羊毛、棉质适应不同的季节）、首饰（各种手镯、名贵腕表随心情而定），还有白色镜架的雷朋太阳镜也成了她出行必不可少的东西。

闺蜜还有很多项链，有白色的珍珠项链、红色的珊瑚项链、绿色的橄榄石珠子、金色的玫瑰花项链，还有人造宝石项链。她并不排斥假的饰品，她喜欢把它们与其他东西有机搭配起来，最大限度地利用它们，最终恰到好处地展示个人的特征与品格。她总是这么有趣，常常在与我买衣服的征途中，先去寻找适合某件衣服的配饰，以一个挑选男朋友的敏锐眼光。

我们喜欢在时尚杂志中用笔画出那些描述配饰的文字，这些杂志的信息有助于我们筛选出适合我们的配饰设计。这些配饰也是信息，能告诉我们怎样注意细节才能让自己更为出众。配饰能很好地展示出我们的个性，从本质上来说，那就是它存在的价值。现在就让我们看看在日常场合中都需要哪些配饰吧。

1.帽子

本人是帽子控，衣柜里各式各样的帽子不下二十顶。我觉得它们很神奇，瞬间会让穿在身上的服装变得更时尚、更亮丽，说明它们不再仅仅是用作保暖、遮太阳了。但是不同的帽子也要搭配不同的衣服才能显示出它的特性：①一款萌萌的浣熊毛毛球针织帽，可搭配浅粉色棉衣外套和宽松牛仔裤，大大的毛球便可平添少女的天真烂漫；②甜美的贝雷帽可以搭配宫廷式的雪纺上衣和黑色的伞裙，让你整个人看起来精神又靓丽；③宽檐帽流行于国外，有英式名媛优雅的风格，所以在搭配方面，一定要配合优雅淑女的风格，比如搭配长款的马海毛针织衫，下身选择打底裤，凸显曼妙的身材，看上去也比较有女人味；④一款格外保暖的盖耳棒球帽子，两边的耳盖可置于帽顶或天然搭在耳边，搭配休闲外套和牛仔裤便可以突出你时尚的个性。

2.包

包的种类繁多，有手提包、旅行包、运动包、商务包、晚宴包和公文包等。包和鞋不一定要搭配，但一定要与服装相配。包包和衣服应遵循同色深浅的搭配方式，从而产生典雅的感觉，例如咖啡色的上装配驼色的包包，包包和衣服就可以产生一种另类抢眼的搭配方式。还有一种是与衣服色彩的呼应搭配法，例如黄色上衣配淡紫色裙子，搭一个淡紫色或米色的包包。包包的季节搭配主要是颜色方面的协调，夏季的包包应以浅色或是淡色为主，这样不会让人感觉与环境不协调；冬季则应选择略深的颜色，因为冬天的衣服都比较厚重，所以要和季节产生协调感。都说不同的场合穿不同的衣服，其实包包也是一样，比如说去面试新工作，你拎着很松散的包包，随便地放在胸前，就会使面试官产生邋遢的感觉，这时就应该携带皮质略硬、简洁一些的提包，职业性之余又可以突出自己的品位。假如要去爬山，一款休闲的包包就正适合。场合的搭配很重要，这不是你拎着爱马仕包包就可以代替的。另外，还要考虑包包颜色的深浅和年龄是否协调，款式方面也要挑选和自己年龄段吻合的，在这里必须提出一点：要给自己选购至少两款在职业方面比较实用的包包，这对于改善别人对你的整体印象有很好的效果。

3.鞋子

说到鞋子，那绝对不是是否合脚这么简单的问题。除了考虑鞋子的款式，还要根据需要选择让自己穿起来更舒适的鞋子。在每个年龄段的女人的鞋柜里，至少都会有两双平底鞋、一双高跟鞋、一双长筒靴、一双球鞋，还有一些有跟或是没有跟的凉鞋。有些女人对鞋子甚至到了痴迷的程度，最特别的例子就是大S，她爱鞋成痴，一年光买鞋子至少花掉20万元，家里鞋柜中的鞋子维持在四百双左右。女人之所以需要这么多鞋子，是因为它的色彩决定了是否和整体服装格调相匹配。一般和服装类似或者相同的颜色是最和谐的，但这只是对于穿单色调服装来说。色彩上搭配了，还必须讲究质感上的和谐，厚重与轻柔在对比中融合、在统一中互衬，才是艺术的体现。比如：①麻纱质感的衣物突出随意自然，与休闲鞋搭配尤佳；②呢料西服表现女性的庄重与温柔，应和高跟皮鞋搭配；③真丝连衣裙和麻边凉鞋搭配，浪漫情怀妙不可言；④婷婷的旗袍与高跟鞋组合，才能展示出典雅的韵致；⑤喇叭裤只有和细高跟的鞋组合才能突出修长的腿型；⑥牛仔短裙与休闲鞋的组合则活力尽现。

4.珠宝首饰

玛丽莲·梦露曾经说过，珠宝是女人最好的朋友，女人因珠宝而更动人，珠宝因女人而更耀眼。因此，珠宝应该是女人最喜爱的饰物了，况且它们之中或许还包含了特别的意义，因此十分珍贵。比如结婚那天收到代表着永恒爱情的钻石戒指，18岁生日那天收到父母送的珍珠项链，还有结婚纪念日收到的金手镯，等等。这些年，越来越多的女人都喜欢收藏珠宝，从戒指、项链、耳环，到手镯和胸针，无一不令她们着迷，并装饰到长裙、名牌大衣上，从而更好地展现出女人的个人魅力。

但是需要注意的是，珠宝的佩戴也是有很多讲究的，佩戴不当则适得其反。我们应该根据年龄和季节来搭配珠宝，这样才能有效提升自己的气质。①肤色红润、活泼好动的 20 岁女孩，选用水晶饰品最为合适，佩戴蓝宝石会显得更清丽，佩戴红宝石则会更加富有朝气。②崇尚自然风格的 30 岁优雅女人，选择佩戴红宝石和绿松石首饰，其色泽会让你更加艳丽动人。自然大方的钻石耳环，定能彰显出你典雅、华贵、年轻的气质。而小花朵排列的手链、精雕细刻的戒指也会让你更加富有女人味。③ 40 岁以上的成熟女性，就要佩戴款式沉稳一些的黄金首饰、珍珠或者色泽厚重的珠宝配饰了。另外，一款简单精致的钻石珠宝也是个不错的选择。

通常春夏季是最适合佩戴首饰的季节，因为身体裸露的部分比较多，无论是项链、手镯、臂环还是耳坠都有很好的展示机会。由于夏装衣料单薄、样式简单，首饰宜选择简约、别致的款式，务求色调淡雅、晶莹闪亮，令人赏心悦目。到了秋冬季，由于服装面料较为厚重，宜选配各种有质感和分量的首饰，色彩上可以相对丰富点。但是无论哪个季节，首饰佩戴不是越多越好、越贵重越好。项链、耳环、手镯、戒指、胸针如若通通戴在身上、彼此争艳，反而没有视觉重点，给人杂乱无章的感觉。一般只有在非常隆重的场合，才适宜佩戴套饰，但也要注意主次分明。

5. 围巾

记得年少的时候，我只会把笨重的针织围巾一圈圈缠在脖子上以求取暖。现在，人们佩戴围巾的方式可谓别出心裁，不为功效，只为时尚。围巾可由不同的材质构成，分为丝巾、纱巾、棉麻围巾、针织毛线围巾、羊毛披肩等，其佩戴的方式也丰富多彩。①套头结：将围巾绕在脖子上，左边向上，将右边那头从中间的空隙中穿过，再将左边这段从空隙中穿回，留一部分重叠，这种打法比较适合活泼可爱的少女。②轻盈结：把围巾在脖子上绕一圈，将左右两段围巾交叉打结，这是最简单、最基本的打法。③不对称结：把围巾两端交叉绕在脖子上，左边朝上，然后将右边那段穿过空隙，把围巾从空隙中抽出来，这种结可给人自然、随性的感觉。④平衡结：把围巾绕在脖子上，前后交叉打个结，将前面那段围巾从脖子后面绕过去，再将从后面绕过来的围巾穿过空隙。⑤领带结：把围巾绕在脖子上，右边朝上，把后边那段围巾在左边那段上绕一圈，绕好后，再将围巾从空隙中穿出。⑥蝴蝶结：把围巾在脖子上绕一圈，交叉打一个结，把打好的结调整到前面，然后再打一个结，这个结的打法很容易，也显得大方。这些花样的系法需要用心去学，但是为了你的美丽，花些心思也是值得的。

最能体现气质的几种服饰

在我们的周围，常常可以看到这样的气质女郎：她们相貌不一定出众，但是却让人过目不忘。她们让人感觉很舒服，在一起交谈时，你会不由自主地被她吸引，一双漆黑清澈的眼睛似一汪碧水，任何杂质落入其中仿佛都会消失得无影无踪。即使她飘然离去，身上散发着细如游丝的幽香也会使你内心澎湃，魂牵梦萦。她的这种魅力，就是一种由内而外散发的气质，像酿酒陈香一般，时间越长越让人迷醉。

一个真正有魅力的女人，其实根本不需要惧怕年龄，只要你够美，又懂得不断地自我增值，就会一直获得异性的倾慕，甚至还能令年轻漂亮的女孩黯然失色。那么，如何着装才能更有气质呢？现在我就给大家推荐几种最能体现气质的服饰。

1.长裙

长裙应该是一个气质美女必不可少的物品，而且非常"百搭"。一条长裙可以搭配T恤，也可以搭配衬衫以及蕾丝印花的套头衫，即使秋季来临，与一件高翻领毛衣搭配也是非常适宜的。无论是穿着半身筒裙或者连衣长裙都能使你看起来更为飘逸，并且还会产生拉长身高的视觉效果。时下最流行的仍然是波西米亚风格的长裙，它似乎永远都不会过时，经久不衰地在时尚圈转了一轮又一轮。波西米亚风格的装扮，很适合文艺女青年，因为它在总体感觉上靠近毕加索晦涩的抽象画和斑驳陈旧的中世纪宗教油画，以及错综复杂的天然大理石花纹，芜杂、凌乱而又惊心动魄。暗灰、深蓝、黑色、大红、橘红、玫瑰红，便是这种风格的基色，不仅包含流苏、褶皱、大摆裙的流行元素，更成为自由洒脱、热情奔放的代名词。

2. 白色系衣服

白色是气质单品的主色调，那些如梦似幻的清纯气质美女几乎都喜欢穿纯白色的连衣裙。将透视与镂空效果结合在一起的蕾丝，是白色连衣裙最主要的时尚元素，它所表现出来的风格，极具名媛的时尚气场，既温婉又不失女性的高贵。精致的蕾丝印花装饰还能提升你的甜美气息，那些白色的蕾丝，充满了浪漫的感觉，而且白色一直以来给人的感觉都是清纯简单的，与蕾丝配合之后，更是多了几分女人味。而纯白色的立领衬衫裙，散发着女性特有的温婉雅致，搭配修身的剪裁，让穿着者凹凸有致的身材得到展现，彰显出浓浓的女人味。

3. 丝巾

丝巾早在汉代便已流行，那时称为"帔帛"，到了宋朝，又演变为"霞帔"。一直到现代，花色繁多的丝巾逐渐成为女性服装很好的点缀。比如卡其色的双排扣风衣搭配一条五彩缤纷的丝巾，就能突出都市女人的个性与气质；白色小西装套裙搭配一条粉红色的丝巾，立即就能提升你的气场；橘色的休闲外套搭配直筒牛仔裤既时尚又清新，再系上一条豹纹丝巾，便能提亮整体色系，使你看起来充满活力。

4. 外套

外套的款式多种多样，最能体现帅气的当数风衣外套和薄呢中长外套了。风衣的历史已有百年，如今看来，最禁得起时间考验。它的款式、面料有自己独特的语言，在惊鸿一瞥中就能留下深刻印象。如今，它已成为人们追逐时尚、经久不衰的流行服装。风衣外套有长短之分，并发展为束腰式、直筒式、连帽式等款式，领、袖、口袋以及衣身的各种切割线条也纷繁不一，风格迥异。风衣不仅可以在日常休闲中穿着，还可以成为优雅的上班服饰，展现出你清新、亮丽的神采。薄呢中长外套适合身材高挑的女性，给人洒脱、帅气的感觉，它的长度恰好还可以修饰你不够完美的臀部线条。薄呢中长外套一般搭配窄腿长裤和半身A字裙。穿裙子时，长靴和帽子等饰品会起到画龙点睛的作用。

5. 套装

在较为正式的场合都应该选择正式的职业套装，那些富有质感、剪裁考究的套装可以把女性自信、干练的气质淋漓尽致地表达出来。颜色最好是选用姜黄、藏青、炭黑、茶褐、紫红等稍冷一些的色调，切记不能选鲜亮抢眼的。有时两件套的套裙上衣和裙子可以是同一色，也可以是上浅下深或上深下浅等两种不同的色彩，这样形成鲜明的对比，可以强化它留给别人的印象。而在款式上应该选择简洁、雅致的服装，以体现着装者的典雅、端庄和稳重。裙子主要以窄裙为主，并且裙长要及膝或者过膝，在搭配上还要注意与发型、妆容、手袋、高跟鞋相统一，不宜咄咄逼人，给别人造成视觉上的压力，应尽量考虑与周围的色调和环境相和谐。套装中，短款的无袖上衣与高腰的包臀裙子是最好的组合，再搭配裙角的开衩设计，能彰显迷人的魅力，凸显修长的双腿。

6. 西式晚礼服

显得较为隆重的西式晚礼服只适合在庆典、晚会、宴会等礼仪活动上穿着。晚礼服讲究面料的品质和做工的精美，款式上变化较多，但会以高贵、典雅为基本原则，强调美艳、性感和光彩照人，比如一件纯黑色的连衣裙，直筒的板型，在裙摆处加入鱼尾裙的设计，就能使衣服一下子充满女性的魅力，然后再在领子处搭配一个钻饰装饰，便更能提升气质。闪亮的装饰是晚礼服永恒的点缀，但全身的首饰不宜超过三件，否则就会变得庸俗。

7. 中式旗袍

现代的中式旗袍大多是经过改良的，注重表现女性端庄、秀美、文雅和含蓄的气质，面料也趋于多样化。夏季可选择纯棉印花细布、麻纱、印花横贡缎、提花布等薄型织品；春秋季可选择化纤或混纺织品，如各种闪光绸、涤丝绸以及各种薄型花呢等纺织物。以往的旗袍以丝绸面料为主，但现在主要以桑蚕丝、棉质、聚酯纤维三种面料居多。桑蚕丝是目前最为昂贵的旗袍面料，面料分生丝和熟丝两种：生丝质地较硬，穿起来显得衣型挺括；而熟丝质地顺滑柔软，穿起来有丝绸触感，十分舒适。中式旗袍包含着中国丰厚的文化底蕴，特别适合知性女子，建议每个女人都应该拥有两件以上的旗袍。

8. 貂毛制品

貂皮分为紫貂和水貂两种，其中以紫貂皮最为昂贵，有"裘中之王"的美称，因此它也成为雍容华贵的代名词。无论是一件貂皮大衣或是一条貂毛披肩，仿佛只要穿上它的女人，都会变得高贵典雅，并拥有贵族般的气质。不过，也不是每个女子都能很好地驾驭貂皮大衣，穿着它的人必须要有强大的自信和气场，否则就可能会显得不伦不类。穿着貂皮大衣还要注意着装上的搭配，如果你穿的是黑色的貂皮大衣，里面则要配上浅色的针织衫，这样才会提升你整体的气质；如果你穿的是米白色或是粉色系的貂皮大衣，里面可以搭配一些蓝色或紫色的打底衫，冷暖色系的混搭，会十分有格调；而如果你穿的是棕色的貂皮大衣，里面则适宜搭配红色的连衣裙，既时尚又优雅。

9.优雅的帽子

我们知道许多名媛都很喜欢戴帽子，因为这让她们看起来更高贵、更优雅。在英国，帽子是一个很重要的饰品，而英国皇室爱戴帽子也是举世闻名的，从伊丽莎白女王到凯特王妃，英国皇室的女人们都会在每天应该戴什么帽子上花尽心思。一顶出彩的帽子似乎拥有神奇的力量，当女人戴上合适的帽子时，立刻焕发出万般光芒。英国凯特王妃的造型一直都广受时尚圈关注，尤以帽子的品位最令人赞赏。凯特王妃偏爱布满花朵装饰的帽子，如此既符合她的身份，又拥有高贵而优雅的气质。而伊丽莎白二世的帽子通常都是宽檐的，但却不会遮挡脸部，色彩有时很鲜艳，有时很低调，具有与众不同的风格。就连已故王妃戴安娜的帽子，当年也曾领导过英国时尚女帽的新潮流。英国皇室制帽名师崔西先生就曾说过，帽子是最具魅力的配件，它能让人们串联上优雅与美的字眼。

别陷入选购服装的误区

　　女人和衣服之间永远都有一份未了的情缘，皆因每位女性都有爱美之心。我心情好的时候，特别想去买衣服，因为它可以让我变得更美、更自信。即使我心情不好时，也会想去买衣服，因为一件美丽的衣服会带给我新的希望，使我重燃对美好生活的信心。女人若不悉心装扮便如明珠蒙尘，是件很遗憾的事，若想让自己像花儿一般美下去，除了需要不断地提升内在，还要细心地打理自己的仪表。

　　杨澜就曾经说过，没有人有义务透过你邋遢的外表去发现你优秀的内在。可见选购衣服对于我们女性来说是多么重要，那些穿对了衣服的女人就等同找到了最适合自己的武器，必定能在各种场合所向披靡了。但是仍然有很多人会陷入挑选衣服的误区，因为她们根本不知道自己真正需要的是什么。

1.只买贵的，不买对的

很多女性都追求品牌，认为只要买的是名牌就一定不会错。奢侈品的气息散发在空气中，无论是否喜欢，各种名牌已经包围了我们的生活。其实，追求奢侈品只是满足人们对物质上的欲望，它反映出我们对某种生活方式和事物的态度，如今，奢侈品已经成为捍卫自我生活和身份的一种东西。但是她们没有想过，这些衣服是否与自己的身材、气质、风格吻合，因为最贵的衣服并不等于最对的衣服。所谓"对"的定义，应该是让你的身材看起来更棒、整体看起来更精神的衣服。有的人穿两千元的套装看似价值上万，就说明她买对了衣服；而有的人即使穿香奈儿的套装也毫不起眼，就是她没有买对衣服的缘故。我们要做的就是不盲目追求名牌，在个人经济实力允许的情况下，优先选择适合自己的品牌服饰，这与品牌服饰本身所蕴含的对美好生活的追求精神才会越来越接近。

2.选择自己喜爱的衣服，而不是适合自己的

在商场购物时，我们常常会被一件既时尚又新颖的衣服吸引住，并且那件衣服的颜色又恰好是你所喜欢的，因此，你一定会忍不住掏出钱包把衣服买下。可是回到家后，才发现这件衣服其实并不适合你，因为穿起它来没有让你变得更美丽。每个人理想中的自己与现实中的自己都是有一定距离的，要勇于接受现实，承认这件时尚又漂亮的衣服并不适合自己。这就是理性地放弃"美"，而选择真正适合自己的一种理念。如果你实在很喜欢一件衣服，愿意买回家封存于箱底独自欣赏也未尝

不可。

3. 购买的衣服不符合自己的年龄和身份

有些年纪稍大的女性并不服老，还想让自己看起来显得更年轻，于是就去尝试一些学生形象的少女装以及前卫的服饰，殊不知这样反而会降低自己的格调，让自己看起来不伦不类。一位女性随着年龄的增长，品位的提升、阅历的加深以及身份的改变，穿着上也要与之相称，这样才能显得更得体。我们都希望永葆青春，可是当你的样貌和体形已经不能再驾驭"青春"这个词时，你就必须果断地改变穿衣风格了。

4. 被打折的陷阱所诱惑，买一些不需要的衣服

每逢换季或是节日，到处都可以看到衣服打折的信息，其中还不乏一些知名品牌。三到六折的折扣，确实诱惑了不少女性，仿佛天上掉下来的馅饼，你不捡就吃亏了。可是你们必须要知道，这些打了大折扣的名牌货一般都是过时、断码的，或是有瑕疵的商品，千万不要因为价格上的优惠，而去购买一些拿回去并不愿意穿的衣服。其实，一件名牌衣服即使折扣再低，如果它不适合你，或者款式已经落伍，建议你不要购买，因为我们没有必要为了低价格而去降低自己对衣服的品位及要求。

5. 追随流行服饰，盲目地购买

前面的章节我有提到，每个女人都有自己的个性，盲目地追求时尚是不可取的，因为流行的东西并不一定适合你。我们所了解的时尚资讯，一般都是从时尚杂志、

时装发布会、明星的穿衣风范上掌握。我们不是明星或者模特，没有专业的造型设计师帮助我们，因此，要花更多的时间和心思在穿衣之道上。有很多女人推崇国际一线品牌，但也应该结合自己的性格特点和经济实力，量力而行。正确地追求时尚不在于被动地追随，而在于理智地驾驭。

6. 没有经过试穿，就去网上购买衣服

我就有过在网上购买衣服的失败经验，在天猫商城发现一位模特穿的衣服非常漂亮，然后就迫不及待地买下。虽然这件衣服无论是款式、面料、颜色和剪裁都不错，但是由于我没有试穿，所以当真正穿在身上时，才发现并不适合自己，甚至还有穿错了别人衣服的感觉。我是一个特嫌麻烦的人，所以也懒得退换货，从此这件衣服只能被放进箱底。如果你们确实喜欢在网上购买衣服，不妨到该品牌的实体店中试穿了再买，这样才不会导致买错了衣服，既浪费了金钱又耽误了时间。

7. 贪小便宜，购买廉价衣服

不少女性购买衣服时会计算成本，她们宁可去买三件时装店里的杂牌衣服，也不愿意去购买品牌专卖店里的一件名贵衣服。表面上看，购买廉价的衣服的确花费很少，但实际上却是增加了自己的购衣成本。比如一件200元的杂牌衣服，虽然是时下流行的款式，但是过了今年便不会再穿了。就算你每周都穿一次这件衣服，当季最多也只能穿12次。而一件800元的精致衣服就不同了，它可以至少穿五年，也就是一共可以穿60次。这两件衣

服平均起来，杂牌的每次穿衣成本约是16元，而名牌的每次穿衣成本只是13元，并具有很高的穿着品质。况且，随着年龄的增长、身份的不同，我们实在不适合再去淘一些学生时代喜欢的廉价衣服了。

第二章

护肤养颜，打造完美气质女王

精致的妆容让你宛若新生

有些女人天生丽质，不化妆也可以很美，比如影星范冰冰、刘亦菲、杨幂；但是有些美女完全得靠化妆才会光鲜靓丽。网上随处可搜到很多女明星素颜和妆后的对比照，多少都会有一些明显的差别，说明一些精致的美女，都是靠化妆才让自己更加明艳动人的。

别去相信天天早上只洗把脸就能美若天仙，必须要学会护肤和化妆，礼貌层面不用多说，更是一个对自我的鼓励，能让自己呈现出最美的一面。没有谁天生就会化妆，要靠你自己去学习和练习。如果你说，我没有时间去学美容课程，但你至少要学会四样，那就是：画一条前细后宽的干净眼线，刷一个不是苍蝇腿的睫毛，画一条不像毛毛虫的眉毛，以及打一个不起皮的粉底。因为好的气质必须要靠外在的美去烘托。会化妆，也是一个女人对生活积极的态度，以及对美好的向往。

本身长得不漂亮不要紧，一副精致的妆容会让你宛若新生，但是必须要懂得什么场合化什么妆，因为妆容是根据不同的场合而有所变化的。我们最常用的妆容可分为以下四类。

日常妆容：妆面应洁净、淡雅、清新，强调突出面容本来所具有的自然美。选择一款比肤色浅的粉底可以让人显得更年轻，还可以选用古铜色的修容粉，让妆容看起来更自然。最完美的化妆技术便是让一个女人看起来好似不施粉黛，却呈现出清丽脱俗的绝世容颜。

旅游妆容：户外光线充足，很容易暴露皮肤的本质。因此，使用的粉底不能选用太白的，应该尽量选用与皮肤相近颜色的粉底。如果脸上的色斑较多，就要用遮盖力较强的遮瑕膏。可在紧贴睫毛根部的位置描绘蓝色眼线，并在眼尾拉长，可以根据出游计划的地点适当加粗眼线，重点是要能够拉长眼形从而缔造异域感十足的双眸。妆面的色彩可以明快一些，与户外的活跃气息相适应，以展现你的活力。不过，值得注意的是在户外容易出汗，要及时补妆，还需选用有防晒功效的隔离霜。

晚宴妆容：晚宴妆是在夜晚光线不够充足的情况下化的妆容，重点要显出脸部的轮廓感。眼影多采用绿色、紫色、玫红色等易突出主题的色彩，对眼部彩妆来说，金色应该是当前以至未来几年的流行元素。过去金色风格的眼部妆容强调小面积的醒目，而新古典主义金色眼妆，则通过大面积晕染来强调金色的低调和奢华。蜜棕色的唇彩可以让金色奢华眼妆更具有古典的贵族气质。同时，将银色或者粉色点缀于内眼角，会给人留下柔媚华丽的印象。

舞台妆容：妆面选择白色珠光的散粉定妆，打造出通透、亮泽、雪白无瑕的底妆。以深色调的眼影为主，除了要让眼睛变得又圆又大之外，还需要有深邃感，黑色总是充满了神秘感，黑色无过渡的大烟熏妆，眼头扫上一些有亮度的眼影，可以让眼睛显得更妩媚。睫毛根部还需要刷上厚厚的睫毛膏，黑色的超长睫毛是提高女人眼部味道的关键。但是腮红的面积不可过大，嘴角可以化成微微上扬的效果。

或许每个女人都希望通过巧妙的化妆技术，让自己呈现出清新、自然的妆容，但是，忙碌的生活节奏可能不容许你每天化一个小时以上的妆，那么我就教大家一套简单的日常化妆步骤以及方法。

1. 洁肤

化妆前一定要清洁肌肤，必须将面部皮肤的不洁之物除去，才能开始化妆。除去面部油污的方法，一般有油洗和水洗两种。如果条件允许，最好是油洗，即选用洗面奶、清洁霜这类的油质皮肤清洁剂洗面。

2. 敷化妆水

先用润泉舒缓喷雾喷湿，再取化妆棉倒上化妆水撕成几片敷脸。这样，皮肤即使在冬天也不会发干，并且妆容特别清透。然后再加一层润肤液或营养霜，使未经化妆的面部洁净、清爽而滋润。

3.上眼霜和隔离霜

涂上隔离保护霜可使肌肤表面滋润并形成薄膜，有效隔离紫外线及化妆品粉垢。皮肤发黄的女性，推荐用紫色隔离霜，发红的则用草绿色。然而眼部的皮肤特别嫩，不可以打隔离霜，只需打上一些眼霜即可。

4.使用妆前乳

在用了面霜之后，可以使用妆前乳，只需几秒时间就可以让你容光焕发。

5.打粉底

任何化妆品都可以省，但是粉底一定不能省。粉底液和干粉可以帮你改善脸部肌肤的所有问题，选用适合自己的粉底就显得尤为重要。如果你的肤色偏红，要选用黄色基调的粉底；如果你的肤色偏黄，便选用紫色基调的粉底。相反的颜色能够互补、矫正肌肤的颜色。方法是用少量粉底液涂在脸上，再用棉球或海绵将粉底仔细地抹匀，一直抹到鬓边和腭下，以免出现痕迹。如果要遮盖眼睛上部的黑圈或者面部的瑕疵，可先涂上遮瑕膏，并用海绵抹匀。但应注意，千万不要涂到眼下细柔的皮肤上。抹上粉底液后，再用粉扑扑上一层干粉，令妆容持久不易脱落。涂粉底时，请留意发际一定也要打上粉。

6.轻扫眼影粉

用毛刷轻扫眼影粉，使不同颜色的眼影粉刷得更加均匀。然后，在眼睑内侧涂上较深的眼影，以衬托出鼻子的线条，这是我们东方人脸型常用的一种技巧。画眼影的时候要注意色彩的过渡，比如粉红色的眼影，就要先将整个眼眶都涂上一层淡粉，然后在接近睫毛的地方加深，完妆后要在眉骨鼻梁上扫上一层白色的散粉，可以达到凸显立体感的效果。

7. 画眼线

上下睫毛线上画土黑色眼线，这样眼睛就会显得特别有神。有一种方法就是用眼线笔在睫毛根部的空当中点眼线，这样看起来会比较自然。下眼线可以用白色的眼线笔画，可以使眼睛显得更大。

8. 扫睫毛

永远不要选择反光又黑黝黝的一整副浓密型假睫毛，除非你是打算上台表演。现在很多棕色系的假睫毛，可以剪下来分成几段贴上去，只贴眼尾局部，会很有女人味。当扫睫毛时，可先用睫毛棒扫一次，分次涂上睫毛油。涂完第一层睫毛油后，用眉毛刷梳开睫毛，并除去多余的睫毛油，再用透明的蜜粉刷在睫毛上。

9. 刷眉毛

先将眉毛用眉毛刷整形后，蘸些金色眼影在眉毛上。先拔除多余杂毛，再用眉笔把眉形淡淡勾出，注意色彩均匀，眉头最浅，眉尾次深，但由深至浅不要有明显的痕迹，这样眉毛才自然立体。画眉毛时，千万记住必须一根一根地画才看不出你已经画了眉。最后，再用眉刷轻轻一刷。眉毛的正确画法应该是从眉头至眉尾画出自然的眉形，在眉径的 2/3 处画出眉峰。

10. 打脂粉

胭脂粉能使整个脸部显得柔美自然，也能使颧骨显得突出。用胭脂从颧骨由深至浅地扫向太阳穴下方，并要涂得均匀，便可使面部色彩显得浓淡和谐。瘦长脸型的要横扫向太阳穴下方，呈椭圆状，减淡脸长的感觉。

11. 涂唇膏

用与口红同色的唇笔画出所设计的唇形，用唇扫蘸适量唇膏，在画好的唇部轮廓线内，填满唇部，力求平滑细致。要注意的是唇彩千万别涂满整张嘴，只需在上下唇上加上珠光唇彩，抿一下以增光泽。

日常化妆时，我们要保持好的心态，尽管化妆过程有些烦琐，但它能让你成为更精致的女人，所以应该享受这个过程。但化妆时必须牢记一点：千万不要在公共场合补妆，与化妆有关的任何事都应该在私下做。

拥有白皙水润的肌肤，为你的气质加分

想让脸上的妆容看起来更精致，关键还是要学会护肤，只有养成日常护肤的好习惯，你才可以拥有白皙水润的肌肤。女人的肌肤不一定与她的年龄相吻合，精心呵护的人会显得更年轻。如果你皮肤粗糙、脸色暗黄、满脸斑点，再精致的打扮也没用，相反，拥有陶瓷般美肌的女人则会为自己的气质加分。

护理皮肤之前，必须要清楚地了解自己的肤质，效果才能立竿见影。我们的肌肤大致可分为五类，每一类都有不同的特点，而不同的肤质也有其针对性的护理技巧。

1.油性皮肤

特点：肌肤的毛孔粗大，皮脂分泌旺盛，因此皮肤容易泛油光。属于此类皮肤的青春期女孩还容易长青春痘和粉刺，令她们感到很苦恼。

护理技巧：油性皮肤最关键的就是要彻底清洁面部，

再敷上具有收敛毛孔作用的爽肤水，然后涂上乳液保养皮肤，最好每周去一次美容院做去角质护理。在饮食上也要忌口，少吃辛辣、油炸的食物。

2.干性皮肤

特点：肌肤纹理清晰，容易出现细纹，且不易上妆。属于此类皮肤的女性会感觉到皮肤干燥、缺水，尤其是在冬季。

护理技巧：洗脸时避免使用去油力较强的洁面品，应选择低刺激的洗面奶，并使用蕴含保湿成分的面霜。每周定期使用补水、保湿面膜做皮肤护理，为干燥的肌肤补充水分。干性皮肤的女性平时一定要多喝水，并注意防晒。

3.中性皮肤

特点：肌肤柔滑润泽，富有弹性，容易上妆且妆容持久。拥有此类皮肤的女性是最令人羡慕的，只需要一般护理即可。

护理技巧：中性肤质的人可以使用任何护肤品，但也要注意早晚洁面，选用滋润皮肤的乳液或面霜。

4.混合性皮肤

特点：肌肤兼有油性和干性皮肤的特征。面部的T字部位（额头、鼻子、口周）容易出油，但两颊却显得略为干燥和紧绷。属于此类皮肤的女性面部是最难打理的，但只要掌握了技巧便可以轻松应对。

护理技巧：根据不同部位分区进行皮肤保养，对于

T字部位用收敛水拍打后，再使用乳液；而比较干的部位则应选用滋润成分较强的面霜。每周也需要定期做一次面膜护理。

5.过敏性皮肤

特点：肌肤较薄，对外界的刺激较为敏感，易出现局部红肿、发痒，甚至还会出红疹子。属于此类皮肤的女性应避免使用含有酒精、香料、色素的护肤品。

护理技巧：建议选用含有甘菊、芦荟等成分的天然植物护肤品。平时还应注意日晒防护，不能使用太冷或是太热的水洗脸，灰尘、海鲜食物也是会引起你皮肤不适的元凶。

女人都希望自己拥有吹弹可破的肌肤，那是美女的至高境界。国内著名的影星范冰冰就拥有轮廓分明的五官和完美得无懈可击的肌肤，那双摄人心魄的大眼睛总是能令人神魂颠倒。

据媒体报道，范冰冰的美白秘诀，就是在空闲时间，根据皮肤当时的状况敷不同类型的面膜，既能保持皮肤的水润，又可以让肤色晶莹剔透。还有，睡觉也是她的护肤方法，一旦工作不忙的时候，她就会以多睡觉来保养皮肤。

范冰冰比较喜欢用天然的方法来护理皮肤，她常常喝薏米糖水，据说这是她家流传下来的秘方，对皮肤的美白确实很有功效。她对卸妆工作也非常认真和仔细，因为残留的化妆品对皮肤的损伤是很大的，通常卸完妆之后，每周还会配合做一次清洁面膜。范冰冰觉得，面膜的功用之一就是排毒，它可以把皮肤里的脏东西都带出来。她还建议自己制作面膜，比如用鸡蛋清、蜂蜜或是苹果泥做成面膜，也有很好的洁肤作用。

圈内的人都知道范冰冰热爱敷面膜，但是却很少人知道她敷面膜的趣事。有一次拍戏，范冰冰见从宾馆到片场的距离不算远，就买了辆自行车自己骑着去片场。为了节省宝贵的时间，她每次出发前都会在脸上敷一张面膜，到了片场后，正好可以取下面膜再化妆。可是，她的这个举动却把很多不明就里的路人吓坏了，而且他们根本不会想到那个藏在"恐怖的白面具"后骑车飞奔的人竟是范冰冰。

我们都知道敷面膜和使用美白产品可以提亮肤色，但是也不能忽视内在的调理。中医认为，"养于内，美在外"，一个女人只有气血充盈，脾肾健康，精气旺盛，皮肤才能细腻光滑、白里透红。确实，如若你脏腑功能失调，气血不顺，肌肤便会暗沉粗糙、萎黯发黄，涂再多美白霜也会没有光彩。然而，当今女性既要忙于事业，又要兼顾家庭，经常处于情绪差、压力大的状态，难免会出现肝气郁结、脾虚湿蕴的现象。除了要放宽心态，还可以通过食物来改善：多吃红枣、板栗、黑豆、葡萄等，以及服用"三白汤"都会获得很好的疗效。我国明代《医学入门》所记载的"三白汤"，即用白术、白芍、白茯苓各 5 克，甘草 2.5 克，水煎温服。这个方子适用于气血虚寒导致的面色萎黄、皮肤粗糙，可以滋润皮肤，益气养阴。

随着当代科学技术的发展，好多美白技术也相继出现了，比如注射美白针、复合彩光、激光美白，都可以达到美白功效。但是，值得注意的是，美白肌肤不能急于求成，因为这是一个必须从内到外循序渐进的过程。去专业的美容医院虽然可以达到迅速美白的效果，却较容易发生医疗纠纷，因为美白的效果越快，存在的风险和危害也越大。要知道黑色素不是一天形成的，所以处理起来是一个缓慢、繁复的过程。

其实，只要掌握日常正确的护肤步骤，以及选用正确的护肤品，也是可以很好地改善肤色的。每天使用温和的洁面产品洗脸，注意一定不要贪便宜去买劣质品牌，那会对你的肌肤造成不小的伤害。洁肤后可以用一些爽肤水，有助于收缩毛孔。接下来就是日霜，目前国外流行用高分子玻尿酸配方的日霜。玻尿酸是一种人体皮肤中自然存在的分子，拥有良好的保湿作用，还有助于其他成分的渗透，如维生素 A 和维生素 C。涂完日霜后，还需要上隔离霜。隔离霜可以为皮肤提供一个清洁、温和的环境，有效地抵御外界灰尘和彩妆的侵袭。如果不使用隔离霜，甚至会造成粉底堵塞毛孔的危害。防晒霜也是必不可少的护肤品，但最好选用防晒系数在 15~30 之间的。到了晚上，就要使用精华素和蕴含营养成分的晚霜来护理了，另外涂些抗皱纹的眼霜。

除了做好日常护肤的工作，深层的密集护理也是必需的，保湿面膜至少两周敷一次。另外，皮肤还需要由内到外地护理，保持良好的生活习惯也很有必要：首先每天要喝 1.5 升白开水补充人体所需的水分，有时还可以放入维生素 C 泡腾片，因为它是很好的抗氧化剂；其次就是拒绝烟酒，避免暴晒，否则再年轻的肌肤也会加速衰老；最后就是保证充分的睡眠了，这是保持皮肤湿润、细腻的关键，也就是人们常说的"美容觉"。

良好的睡眠，会使你容光焕发

随着现代社会生活节奏的加快，工作压力的增大，人们失去正常的作息时间。如果一个女人长期熬夜，便会出现肤色暗淡，面部皱纹增多，加快衰老的状态。这都是由于睡眠不足，皮肤细胞的调节活动受到阻碍，血液循环不良和脂肪分泌过少造成的，因此，皮肤就容易干燥而产生皱纹。相反，若是睡眠充足，不仅使头脑与身体得到充分休息，同时也令皮肤细胞有时间进行调整，皮肤所需的营养在睡眠中得到补充，因而才会容光焕发。可见，良好的睡眠对我们的容颜有多么重要。

拜伦就曾经说过，早睡早起最能使美丽的面孔更鲜艳，并能省去胭脂的价钱。我在前面也写过，女人想要肌肤亮丽，美容觉非常必要。美容觉的时间一般是指从晚上的十点至次日凌晨两点。经研究表明，从午夜至凌晨两点，人的表皮细胞的新陈代谢最活跃，皮肤细胞的再生使得肌肤可以进行自我调整。此时，若熬夜将影响细胞再生的速度，而导致肌肤老化。所以，睡美容觉对保持脸部皮肤的娇嫩很有功效，甚至胜过许多大牌护肤品。《黄帝内经》中也有记载，最佳睡觉时间应是亥时至寅时末，也就是在晚上九点睡下，早晨五点起床。这是因为亥时三焦经旺，三焦通百脉，此时进入睡眠状态，百脉可休养生息，还可使人一生身无大疾。在胆经最旺的时候得到很好的休息，还可帮助我们在睡眠中蓄养胆气。如果在二十三点时仍未入睡，就会加重胆经的负担，肝胆的主色为青色，所以睡眠不好就会脸色发青、目倦神疲，试问这样的女人如何能够美丽？良好的睡眠对于精神方面也是有好处的，人体夜晚要进行垃圾清除的工作，进入梦乡可以把白天的刺激和印象通过梦来消除，有摆脱紧张、重新达到内心平衡的作用。

但是，如果长期睡眠不足或经常失眠，就会造成眼睛周围皮肤色素的异变，出现黑眼圈。眼圈变黑不仅给人暮气沉沉、老气横秋的感觉，连眼角的鱼尾纹也会过早地出现，这时再用什么化妆品补救都无济于事了。

不过日常生活中的很多因素都可以导致失眠，例如：精神因素、机体疾病因素，甚至年龄的增长和生活习惯的改变都与失眠有着密切的关系。中医上讲，人由于被七情所伤而导致气血、脏腑功能失调，以致心神被扰，神不守而不寐。特别是已经生育或是多虑的女性，更容易患上失眠的症状，当务之急便是要找到治疗失眠的方法，让自己能睡上好觉。我收集了一些改善失眠的偏方，希望能对大家有所帮助。

1.音乐入眠法：听柔和的音乐有助于改善睡眠，在睡前播放悠扬、舒缓的钢琴曲，再点上一个有催眠作用的香薰灯，淡淡的香味就能立即让你进入甜美的梦乡。

2.喝牛奶入眠法：容易失眠的人，睡前不妨喝杯牛奶，因为牛奶中含有一种使人产生疲倦感的生化物质色氨酸，具有松弛神经之功效。而且，牛奶的催眠作用是逐渐加强的，可使后半夜睡得更为香甜。

3.静卧入眠法：在临睡前的一个小时内什么都不想，也不要做剧烈的运动，那些令你兴奋的事情，只会让你心绪不安。首先要摆好卧姿，放松思绪，做深呼吸 1 ~ 3次，使肩胛放松、四肢放松，过几分钟后即可入睡。如果无效，还可以在每晚临睡之前，在床上坐定，闭目养神，然后开始左右摇晃头和颈，每次坚持摇晃 10 分钟，可感到神怡心静，头脑轻松，即有入眠之意。

4.按摩入眠法：洗澡后，在脚上涂抹润肤油，用双手在脚趾、脚板、脚面反复按摩，就能更易入睡。还有另一种方法，便是每晚睡觉时呈仰卧姿势，用手按摩胸部，再由胸部向下推至腹部，每次坚持做 3 ~ 5 分钟，即可睡着，而且对舒肝顺气、提高消化系统的功能也有好处。

5.闻葱入眠法：患上失眠症的人，还可以取大葱150 克，切碎放在小盘内，临睡前把小盘摆在枕头边，闻到葱香即可安然入睡。这种方法对神经衰弱型失眠症效果最好。

6.食疗入眠法：（1）莲子百合汤可安心养神，方法是取莲子、百合各 20 克，加冰糖和水煎服，每天早晚各服一次，对失眠者有效。（2）取芹菜根煎水喝，能治疗神经功能紊乱引起的失眠。（3）莴笋的茎液中有一种乳白色的浆液，具有镇静安神的功能，也有着极好的催眠效果。服法是将一小匙浆液汁溶于一小杯水中，稀释后服用。

7.眨眼入眠法：我们想睡觉时总是抬不起眼皮，这是因为上眼睑是由大脑睡眠中枢支配，睡觉时必须先把眼皮合上。那么，不妨利用这一机制催眠：在关灯后仰卧身体，眼睛盯着天花板，开始反复开闭眼睑，直到眼皮疲累，眼睛自然就会闭合，然后安然入睡。眨眼催眠法能集中注意力，避免去思考太多事情。如能长久坚持，这一项运动还可预防和减少眼睑下垂，从而延缓衰老。

8.搓耳朵入眠法：睡不着时，头靠在床上，用双手搓两耳的内外耳垂，搓五六下后就会打哈欠了。但是，虽然你有了睡意，也不能就此作罢，要继续再搓十几分钟，如此才会睡得更香。

9.穴位入眠法：每晚临睡前按摩足三里穴位，坚持一段时间后，睡眠状况就可得到很大改善。

10.泡脚入眠法：每晚临睡前，将3片生姜加入小半盆热水中，然后再加1勺醋，待水温适宜，浸泡双脚30分钟，连续半个月后，失眠症状便可改善。

发型决定你的气质

不少女子对发型漠不关心，她们认为把头发梳理整齐就行了，甚至还可以忍受长年累月都是一个发型。但是你可别小看了发型的作用，一个人的发型可以让你看起来更年轻，也可以增添你的气质。一头浓密、健康、飘逸的长发会让你增加几分诱人的风情。但是，到了一定年龄的女性则喜欢把长发固定在一处，整齐和死板取代了自然。其实你不必在乎头发会被风吹乱，因为长发飞扬创造的美丽会表现出你的年轻和畅快。

你该如何选择适合自己的发型，还应结合你的性格和体形来考虑。矮个子和肥胖的女人不宜蓄长发，否则会显得更矮或更胖；高个、长颈、瓜子脸的女人若是配上长长的直发，则会显出你的飘逸大方。性格与发型的选择要互相协调，才能表现出和谐的美。比如性格温柔、斯文秀气的女孩，一头顺直的长发就是最好的选择，这样会让你看起来很甜美；性格开朗、潇洒的女人，则要选择波浪式的长发发型，定可增添你的妩媚；性格活泼、天真的女人，应选用齐刘海和发尾自然翻卷的"梨花头"，让你无论从哪个角度看都会很可爱；而干净利索的短发型，一般适合性格豪爽的"女汉子"。

想做什么样的发型，可以交给你的发型师，但是别听信发型师所说，染一些亚麻色、驼色或者奶茶色等发色，因为染出来后很快会掉色。你的头发可以隔天洗一次，特别是刘海处不能油腻，如果你的头发属于油性发质，就不要用太多护发素，平时在刘海处敷一些爽身粉就行。

在国外，美发是很令人注重的行业。女士们通常会花费大量的时间和精力，去寻找一个能真正帮她实现最佳剪发、染发效果的发型师。她们深知，绝佳的发型能令自己每天充满自信。通常，美发店会配备可以照见全身的大镜子，美发师会把你拉到镜子前给你分析脸型、身高对发式长短的影响。所以，设计发型的第一步就是给你的发型师一个准确的自我形象展示。美发之前，记得让自己的服饰和妆容都最能体现出你的个性气质，这胜过任何语言的描述。要知道，发型师看到的更多是一个静态的你，好的发型师会跟你聊聊你的职业和兴趣，但最直观的仍只是你的脸型。所以，用心展示你的内在气质，也许能在一瞬间唤起发型师的灵感。有些发型看似雷同，但一些局部细节的变化或许会让你的整个形象焕然一新。美发的第二步就是鉴别脸型，牢记脸型与发型的黄金搭配法则是互相弥补。瘦长的脸型，应该让发量向两边加宽；上尖下宽的三角脸型，就要让发型上重下轻；若是方脸，就不适宜过于卷曲的浪漫式烫发。在确定了你的风格后，还要考虑一下身材，高而丰满的女人适合有一定量感与长度的发型，小巧玲珑的女人则需要发型多一些层次及飘逸的感觉。只有这样量身定做的发型，才可能达到事半功倍的效果。

或许到了四十岁以后，你就会思考自己的头发应该留多长才合适。其实头发的长度和年龄并没有这么密切的关系。虽然中等长度和刚刚齐肩的头发可以使你看起来显得年轻，但是经典的过肩长发则会使你更出众。不管是长发、短发还是长度适中的头发，发型始终是女人外在个性最重要的延伸，有些人剪了短发会变得更年轻、更漂亮；但有些人则不会，因为她更适合长发。你可以尝试不同发型，最终会找到一款最适合自己的发型，但前提必须是它要符合自己的个性和气质。女人最怕的就是为了追赶时尚，也不管适不适合自己，盲目地做了一款前卫的发型，结果弄巧成拙。

　　我有一个同事，叫王玲。她的家乡在偏远的山区，因为贫穷，她奋发图强，终于考上了名牌大学，获得了城里体面的工作。比起周围女同事的得体打扮，她的穿着和发型都比较土气。因此，当女同事们在谈论时尚话题时，她被孤立在一旁。我能感觉到她的自卑和不甘心，毕竟任何人都不想被人贴上不合群的标签。王玲终于下定决心改变自己。可是当她顶着一头金发来到办公室时，我们所有人的眼珠都似乎要掉下来了——金色的前卫发型配着普通的白色衬衣和黑色及膝裙，脚上穿的竟是一双球鞋——这样的标新立异确实让我们惊呆了。有人捂着嘴在偷笑，王玲却完全没有意识到，我觉得自己必须帮一帮她，于是私下里对她说："你没有发现自己今天的打扮有什么问题吗？"

　　"没有啊，我昨天还特意让发型师给我做了一款当下最流行的发型。"她为自己的大胆举动而沾沾自喜。

　　"但是很遗憾，他不是一个很好的发型师。还有，你做头发之前，应该懂得什么是造型。"我继续说道，"造型就是塑造人物特有的形象。这时，人的发型、服装和鞋子都应该是统一的，发型师应该根据你的个性和打扮设计发型。所以，他这么做很不负责，你现在的造型可以说是不伦不类。"

"那是我极力要求他这么做的，因为我在一本时尚杂志上看中了这个发型。"

原来如此！王玲根本就不懂什么是时尚，什么是造型。我告诉她："你的发型虽然很时髦，但是却不适合你，发型和你的服饰搭配才会好看，就像你平时喜欢朴实的衣服，一头飘逸的直发才能突出你的个性。还有鞋子，球鞋更适合搭配休闲的服装，而不是正装。"她听了我的建议，过了一个星期又去美发店染黑了头发，并拉直，还穿上了一条新买的碎花连衣裙以及高跟鞋。王玲焕然一新的打扮瞬间令同事们刮目相看，她自己的心情也变得好起来，笑容也随之增多了。

发型决定我们的气质，可见头发对于我们来说有多重要。我们现在就来学一学日常应该怎么护理自己的秀发。

1. 两天必须洗一次头发，谨记从上至下捋着头发洗，这样毛鳞片就没机会翘起捣乱，洗出来的头发柔顺感堪比使用过护发素。洗时先把双手张开，呈龙爪手状，然后插入头发间从上至下捋，头发就不会那么纠结。不要使用过量的洗发水，只需往手中倒入一枚榛果大小的洗发水就行了，再加入少量的水，双手互搓，将其在两侧的头发上涂抹开，然后再涂至头顶。

2. 水温会影响后续的发型效果，所以要注意自行设置洗发水温；洗最后一遍水温一定要稍微调低，这样做会让毛鳞片闭合得更好，头发摸起来会非常柔顺。之后再做吹风造型之类，就更易出效果，头发也更有光泽。

3. 千万别不在乎少用一次护发素，这样绝对会给你带来连锁的危害。因为护发素的功效之一就是用来闭合毛鳞片。毛鳞片闭合不好，热风、阳光就很容易伤发，指望用些免洗的护发素来弥补基本没戏，要命的是这种伤害还是累加的。使用护发素时也不能过多，仅涂抹发梢即可。

4.准备一条普通尺寸的浴巾，对折三次，让头发自然下垂，从后颈处到发梢快速抽动浴巾擦头发，接着从前额擦到发梢。这个特殊擦头发的过程能使你的头发看起来更柔美。

5.使用发膜也很重要，建议每个月进行一次深层修护。戴一个塑胶浴帽，浴帽上包上热毛巾，可以增强护理效果。因为塑胶浴帽不仅能够保存热量，而且可以保证头发上的护发产品不被毛巾吸收。

6.准备一大碗凉水，加入柠檬汁，用水和柠檬汁的混合液染头发，可以使头发更有光泽。

7.天气忽冷忽热会让头皮压力倍增。如果平时习惯扎辫子，此时就要适当为头发松绑，多散着长发，因为扎头发会让头皮血液循环不畅，加重头皮敏感和脱发。

纤纤玉手，呵护女人的第二张脸

　　一个真正有气质的女人，是不会放过任何细节的，更何况是一双玉手呢。手，又被称为"女人的第二张面孔"，更需要精心呵护及美化。一直以来，有不少女性并没有意识到对一双手的保护，让岁月在手上留下了无情的痕迹。可以回想一下，我们在生活中，洗衣、刷碗时是否戴塑胶手套？是否经常涂抹护手霜和防晒霜？是否定期去美容院进行双手的护理？还有，去美甲店做美甲装饰时，是否有意识地保护到我们的指甲？如果能认识到双手的重要性，如同每日刷牙一样把保护手当成习惯，我相信你们一定会拥有一双细腻、白皙的纤纤玉手。

　　在社交场合中，一双饱满、修长的手，会给别人留下美好的印象。因为举手投足间，人们会有意无意地注意到你的手，并以手来推断你的人品及修养。如与人握手时，尽管你当日穿着精美的时装，却伸出了一双干燥、粗糙的手，那将是何等的尴尬——一个不注重修饰、保养自己的女人总是令人沮丧和失望；而参加舞会时，你若挥舞的是一双柔软、光滑的玉手，那一定会使你的舞伴心醉神迷，因为你的玉手会给人以健康、纤柔、灵巧之感，并为你增添一抹女性的魅力。

娇美的容颜，得体的服饰，再加上一双保养精致的双手，不仅传达着个人的魅力和情感，还是优越生活的象征。对于时尚而言，除了拥有细腻的手部皮肤之外，指甲也是装饰的亮点。很难想象，一个优雅的女士，会伸出一双指甲缝里藏着污垢，或是指甲油剥落的手。喜欢涂指甲油的女性，必须及时修整缺损的指甲油。在美甲店，指甲油的颜色和造型多样，但你必须结合自己的衣饰、个性去选择，否则就会不太协调。黑色指甲油适合朋克一族的装扮；气质优雅的女性可以选择粉色或半透明的颜色，它不仅使手指有更纤美的感觉，而且会使你更添女人味；那些性感和妩媚的女子，则可选用鲜艳的玫红色系和红色系指甲油。如今，美甲已成为人们展现美的一种方式，不仅仅是女性，连男性也会光顾美甲店，听说时尚先生贝克汉姆就曾染过粉红色的指甲，可见美甲已经从时尚渐变为一种生活形态了。一双纤纤玉手，加上艳光四射的美甲，定会让女人变得更加光彩照人。

每个女人都希望自己拥有青葱玉指，清洁和美化双手已成为我们生活中必不可少的事情。况且，手又比身体的其他部分更能显示出年龄的痕迹，无论从手在社交场合中的作用来看，还是从手本身的生理特点来看，双手的美容护理都是十分必要的，我们来看一看手的日常护养都有哪些吧。

1.手部清洁

洗手应用温水或冷热水交替洗，因为过热的水会使手部的皮肤变粗、变干燥，而过凉的水又不能完全洗净手上的污垢，所以洗手的水最好是温水，而且水量不能太大。过量的水中含有较多的无机盐离子，一则影响去污的效果，二来对皮肤也有伤害。手部清洁之后，要用柔软干爽的毛巾仔细擦干，特别是指间、甲沟等处不能遗留水渍，否则将为细菌生长提供滋生地。手接触的东西较多，容易染上污物和灰尘，留了长指甲的女性一定要时刻保持指甲缝的清洁，不能藏有污垢。

2.手部防护

护手，绝不是搽点护手霜这么简单。首先，要选用温和而具滋润效果的洗手液洗手；其次是在每次洗手后要涂上护手霜，以锁紧肌肤水分，记得是每次而不是每日。要记得挑选适合自己的护手霜，不能用面霜代替护手霜，要知道劳作的双手比娇贵的脸蛋所受到的伤害程度要深，而面霜无法对手形成有效的保护膜。市面上的护手霜品种繁多，从最简单的滋养到保湿、美白、防晒、祛斑、去皱的品种都有，最好能根据自己手部皮肤的特点选用适合自己的护手霜。

手部保养除了"洗""涂"之外，还应注意日常保护，不应在阳光下暴晒，还应防止擦伤、烫伤等。另外，不要让手接触刺激性的物品，如洗涤剂、洁厕剂等，在做家务的时候应佩戴塑胶手套，以保护双手不受到侵蚀。每隔10天必须要对指甲进行修剪，因为指甲过长，就会增加断裂的机会。在修剪指甲时，要小心处理倒刺：不要试图强行拔掉，先把手浸入温水中，软化肌肤，再把倒刺剪掉，然后涂上护手霜。总之，手部保养都是为了使手部皮肤光滑细腻，防止手部发生异样，以增加手部的美感。

3. 手部按摩

手部定期做适当的按摩，不仅可以放松双手，还可使松弛的皮肤恢复弹性、光洁和柔嫩。清洁双手后，在手背上涂上按摩油，均匀抹开，注意双手的手指和指缝处都要涂到。按摩的方法是用一只手的手指按摩另一只手，先从手背开始，轻轻画螺旋形直到指尖，并要活动到每一个手指，特别是关节处，上下按摩10次以上。然后再用一只手的拇指按摩另一只手的手掌，从手掌到肘部进行螺旋形按摩。每日按摩几分钟，还可以让疲惫酸痛的手得到放松。

4. 手部美化

想让手部变得更美的女性，还必须每周做一次手膜。在做完手部按摩后，趁手部毛孔张开、血液循环加快时，在手背部均匀涂上一层去角质霜，去除皮肤表面老化角质，然后用化妆棉浸透滋润精华素，均匀地敷在手背上，套上手膜，15分钟后轻轻揭掉，最后涂上适量的护手霜。对美有更高要求的女性，还可以在使用手膜后，包上保鲜膜，用毛巾包好，保温10分钟，效果更好。

要美化手部，还可以时常把手指浸泡在温水里，除了能够软化手指部位的皮肤，有利于去除指部的死皮和角质，还可以清洁指甲周围的污垢，让干燥的指皮变得柔软起来。爱美的女性都喜欢去美甲店做指甲，让自己的双手看起来更完美，但在每次装饰指甲之前，最好给指甲涂上一层营养液，以达到更深层的护理。如果指甲因为长时间使用深色指甲油而变色时，可用半个新鲜柠檬擦拭，连续擦上两个星期即可除去指甲上的污渍。

利用食物，吃出好气色

以前觉得《红楼梦》中的林黛玉很美，两弯似蹙非蹙罥烟眉，一双似喜非喜含情目，娴静时如姣花照水，行动处似弱柳扶风，心较比干多一窍，病如西子胜三分。可是现在我发现，男人们还是更喜欢美丽、健康、活泼的女人。而美丽的女人们都有一个共同点，那就是气色好，因为气色好的女人总是给人积极向上、开朗乐观的感觉。

如果一个女人的气色不好，会在工作、生活、交际上造成一定的困扰，因为气色不好很难给人留下好的印象。为了能够有好的气色，或许很多女性会选择用化妆品来掩盖，昂贵的化妆品虽然可以改善你的肌肤，但却改变不了你的气色。好气色应该是由内而外表现出来的，它会让你看起来神采奕奕、光彩照人。

现代社会职业女性要跟男人一样在外面打拼，同时还要承担起生育子女的重担，她们所承受的压力比男人更大。工作多、家务重、压力大，使她们形成了饮食不规律、经常熬夜等不良的生活习惯，久而久之就会影响气色和心情。如果一个女人长期气色不好，肌体的免疫力就会受影响，肾脏也可能随之出现亏损，反映在身体上最明显的症状就是有眼袋、黑眼圈严重，甚至导致卵巢功能衰退等。而主宰女人容貌与衰老的根源就是卵巢，如果卵巢功能衰退，必然会使女性气色变差，甚至导致提前衰老，令一个三十岁的女人看起来就像四十多岁一样。因此，女人一定要善待自己，不能操劳过度，要积极锻炼身体，即使事务再繁忙，也要适当参与娱乐活动来放松自己。

真正美丽的女人一定是容光焕发、气色出众的，所以我们必须注重气色的调养。那么，女人如何才能拥有好气色呢？其实有一种最天然、最安全的方法，那就是善用某些食物，吃出我们的好气色来。

1.牛奶

牛奶有美白的功效，所以建议女性朋友每天都喝一杯牛奶。牛奶中不仅含有脂肪、蛋白质、维生素、矿物质，还有较多的 B 族维生素，它们能滋润肌肤、防裂、防皱，使皮肤变得光滑白嫩，从而起到护肤美容的作用。富含蛋白质的牛奶，还可以防止我们脸上长痘痘和色斑。

2.玉米萝卜排骨汤

煲汤一直都是滋补养颜最好的食法。中国有句古话叫作"冬吃萝卜，夏吃姜"，这款汤的玉米能促进新陈代谢，萝卜有滋养的效果，在干燥的季节喝还可以养生防燥。中医认为，白萝卜可"利五脏、白净肌肉"，可见它是有一定美白效果的。因为白萝卜含有丰富的维生素C，维生素C作为抗氧化剂，能抑制黑色素合成，阻止脂肪氧化，所以，常食白萝卜可使皮肤白净细腻。

3. 薏米红豆粥

薏米有使皮肤光滑，减少皱纹，消除色素斑点的功效，对面部粉刺及皮肤粗糙也有明显的效果。另外，它还有较强的吸收紫外线的能力，其提炼物加入化妆品中可达到防晒的效果。薏米加入红豆煮粥可益气补血，养颜美容。

4. 燕窝

燕窝滋阴润燥，是多肽类物质含量较高的天然食品。因含有多种微量元素和丰富的水溶性蛋白，燕窝也被誉为美容基因的细胞生长因子，能刺激多种细胞的分裂增殖，促进细胞分化，从而使皮肤变得光滑而有弹性。女性常食燕窝还能保养肌肤，延缓衰老。

5. 百合莲子羹

百合味甘性平，富含黏液质及维生素，对皮肤细胞的新陈代谢有益。常食百合，促进血液循环，还能祛斑美白，具有一定的美容效果。而莲子也有很好的滋补作用，两种食物结合在一起堪称完美。

6. 柠檬饮品

柠檬含有丰富的维生素C，对促进人体新陈代谢、延缓衰老及增强身体抵御能力都十分有帮助。柠檬还可以软化血管，加速血液循环，增进胃肠消化功能，这样就可以消除体内积滞的皮下脂肪，达到减肥的目的。它亦是一种有相当高美容价值的食物，不但有美白的功效，其独特的果酸成分还可软化角质层，令肌肤变得白皙而富有光泽。

7. 红枣银耳汤

红枣中的维生素含量为百果之冠，被人誉为"活维生素丸"。其中，维生素 C 能抑制皮肤中多巴醌的氧化作用，减少黑色素的形成，并预防色素沉着；维生素 A 的重要功能是激活和调节表皮细胞的生长，抗角质化，有助于改进皮肤的水屏障特性；维生素 E 具有抗氧化和清除自由基的作用，并促进皮肤组织的血液循环；维生素 B 则有调节皮脂腺分泌的作用。银耳，富含天然植物性胶质，加上它的滋阴作用，长期服用可以润肤，并有祛除脸部黄褐斑、雀斑的功效。因此，红枣银耳汤对改善气色有着很好的效果。

8. 荔枝

李时珍在《本草纲目》中记载：常食荔枝，补脑健身。荔枝甘温而香，荔枝含维生素 A、B_1、C，还含有果胶、游离氨基酸、蛋白质以及铁、磷、钙等多种元素。现代医学研究证明，荔枝确有补肾、加速毒素排除、促进细胞生成、使皮肤细嫩等作用，是排毒养颜的理想水果。中国古代四大美人之一的杨玉环就非常喜欢吃荔枝，为了能吃到新鲜的荔枝，还派遣诸多士兵连夜赶路把荔枝从南方运到宫中来，想必吃荔枝也是杨玉环的养颜之道吧。

9.番茄酱

番茄营养丰富,是一种抗衰老食品,常吃可以延缓衰老,还可以起到防晒美白的作用。番茄红素是抗氧化性最强的类胡萝卜素,其抗氧化作用是维生素E的一百倍,能保护细胞免受氧化侵蚀。

10.黑芝麻糊

黑芝麻性味平,对肝肾亏损、头发干枯、面色不佳都很有效果。经常食用黑芝麻糊,不仅皮肤会变得光洁红润,连头发也会变得乌黑亮泽。可以说黑芝麻是美容养颜的佳品。而且,黑芝麻中还含有防止人体发胖的卵磷脂、胆碱、肌糖等,因此也有助于女性减肥。

第三章

减龄，洋溢奔放的青春气息

做一个逆生长美女

年过三十以后，我的人生就感觉发生了改变，看到漂亮的蕾丝连衣裙不再敢买，还有时下流行的连体牛仔裤，总害怕别人说我装嫩。其实并不是我的外表发生了很大的改变，而是心态变了。由于我怎么吃都吃不胖的原因，一点都没有发福的迹象，体重还是维持在 95 斤左右。容貌上也没有太大的改变，就是眼线稍微下垂，可喜的是皮肤依然紧致。别人都说我看上去还是二十几岁的样子，话虽如此，可是我仍然介意别人的眼光。

直到有一天，我有幸在一本杂志上看到了关于逆生长美女的文章，时下正流行这个词，我顿时豁然开朗。"逆生长美女"一词，指那些在年轻时外貌并不出众，随着年龄的增长反而越长越漂亮、越来越有气质的女人，她们打破了女人年龄越大就变老、变丑的规则。除却发达的美容技术的原因，心态的作用也不容忽视，所谓相由心生。否则，一张年轻的脸配上苍老的心看上去相当别扭。所以，当我们追求逆生长的同时，不要忽略了内心的童真。

怎么样让自己真正成为逆生长的美女呢？首先，防衰老的保养品是十分重要的；其次就是要锻炼身体。外表满分了，内心的修炼也非常重要，只有始终保持年轻的心态才能永远俏丽。当今娱乐圈也有很多逆生长的美女明星，她们的外表与心态都时刻保持在一个相对年轻的阶段，所以很值得我们去学习。现在就来看看娱乐圈都有哪些逆生长美女，以及她们的保养秘籍。

1. 徐熙媛　实际年龄：42 岁　视觉年龄：28 岁

大 S，和她妹妹小 S 一样，也是一个不会变老的"妖精"。大 S 对美容保养的要求极高，甚至到了苛刻的程度，从她写过的一本《美容大王》的书中就可以看出一二。大 S 从十七岁就开始疯狂钻研各种美容保养技巧，立誓要让她全身上下每一寸都美到不行。她主张绝对不能在太阳底下暴晒自己的皮肤，脸最好不要接触游泳池的水。除了日常的皮肤护理和保养，她会在季节转换时更多地关注自己的皮肤状态。另外，她觉得保持好心情会让人变得更漂亮。因为平时工作繁忙，身心都会有疲劳的现象，她就会向家人、姐妹诉苦，如果工作中有好笑的事也会立刻打电话告诉她们。她很喜欢吃素，有时一整天只吃蔬菜、水果和燕麦，体内的毒素就会渐渐排出。

2. 徐若瑄　实际年龄：43 岁　视觉年龄：28 岁

从出道到现在，徐若瑄似乎一直都是现在这个样子，十多年来一点都没有改变。她依旧还是那个让人仰慕的童颜女神，让人惊讶于她的美貌似乎丝毫不受岁月的影响。她说自己每天早上起床后都会喝一杯温开水，这样不仅可以排毒，而且可以很好地唤醒沉睡的肌肤。她每周还会敷一至两次的面膜，彻底清洁和加强皮肤保湿。还有就是每天坚持运动，保持愉悦的心情也是她年轻的秘籍。

3.周迅　实际年龄：44岁　视觉年龄：28岁

周迅性格洒脱，在颁奖礼上曾大方地说出自己真实的年龄。虽然她一直在说自己不年轻了，可在我们眼里，周迅现在甚至比刚出道时更年轻、更漂亮。娃娃脸是她天生的优势，能很好地掩饰年纪，另外，她的心态也非常年轻，觉得自己永远是"恋爱中的宝贝"。谈及如何保养，周迅认为"没有丑女人，只有懒女人"，30岁以前的样子是父母给的，30岁以后是自我修炼的结果。身体、心灵都是可以塑造的，外表也是内心的直接反映。每天她都会准时起床，生活尽量规律一点；另外，她认为，卸妆比化妆更加重要。

4.林志玲　实际年龄：44岁　视觉年龄：30岁

她是目前公认的"台湾第一美女"，很多宅男心目中的女神，30岁才开始走红，至今还一直活跃在娱乐圈。虽然出道很久了，林志玲始终保持着年轻的心态，她的外貌依然甜美可人，事业也是蒸蒸日上。她的保养秘籍是：喜欢泡澡以促进血液循环代谢，同时还抹瘦身霜和做运动。她还很注意饮食热量的平衡，并且会多吃一些芝麻、木瓜等。

5.李嘉欣　实际年龄：48 岁　视觉年龄：32 岁

李嘉欣一直被誉为"最美港姐"，至今都无人能超越。如今 48 岁的李嘉欣，虽然已为人妻、为人母，但美丽与风采依旧。她的保养秘籍是：每天都会利用跑步机跑 30 分钟，这不但有助于维持身材，更可让精神集中，感觉更有活力。建议女性们早上起床最好只吃水果，这对润肠、美肤有很大帮助。平时卸妆、洗脸后就抹保湿产品，空闲时用保湿面膜敷脸，每周留一天让自己完全不抹任何保养品，让皮肤好好透气。多睡觉也是她保养皮肤的一大诀窍，艺人有时拍起戏来就不分昼夜，经常熬夜的结果就会在皮肤上反映出来，因此不拍戏的时间她都会坚持运动，并养成早睡早起的好习惯。

6.伊能静　实际年龄：49 岁　视觉年龄：30 岁

除了是一个才女，伊能静更是娱乐圈的"美丽教主"，她曾写过两本有关美容保养的书籍，说明她是一个很注重外在形象的人。如今她虽然是 49 岁的年纪，却有着 30 岁的外形和气质，可见她的保养功力非同一般。她的保养秘籍是：不管在哪里，都会尽量保持泡澡的习惯。泡澡能消耗热量，帮助身体新陈代谢，还可以舒压、美颜、护发。她最爱的运动是瑜伽，一边安静、柔和地锻炼身体，一边大汗淋漓地排毒。在美容方面，她非常注重卸妆和眼部肌肤的保养。

7.周慧敏　实际年龄：51 岁　视觉年龄：33 岁

周慧敏曾是娱乐圈的"第一代玉女掌门人"，清纯的外形使得她一出道就成为当时最红的玉女偶像。平时很注重保养的她，虽然目前在娱乐圈不算太活跃，但她依然担任着某化妆品牌的代言人。她经历了感情上的风风雨雨，但心态依然很好，言行举止宛如少女一般，吹弹可破的肌肤更是令人叫绝。周慧敏护肤从不偷懒，但也不主张过分往脸上抹太多护肤品。她早晚两次的护肤程序只花5~10分钟时间，因为白天代谢比较快，给肌肤抹太多东西会增加负担，晚上彻底卸妆最重要，一星期再用一两次的眼膜和面膜。另外，她吃肉较少，水喝得很多，而且会远离二手烟和紫外线。她的作息很有规律，虽然睡得晚，但绝不会日夜颠倒。

8.米雪　实际年龄：63岁　视觉年龄：43岁

米雪五十多岁拿下了TVB的"视后"，说明她不仅仅演技炉火纯青，还有能和年轻女明星们一较高下的美丽资本。她现今虽然已经六十多岁了，但是她的皮肤仍然像少女时期一样光滑细嫩。问起她的保养秘诀，她说："有些人整天挂着一张苦瓜脸，再美的人也会变丑，这和用多少保养品没有直接关系。尽管保养品可以拯救肌肤表面问题，但当一个人的心情糟糕时，愁眉苦脸怎么也美不起来。"因此，她主张心胸要豁达，碰到任何问题，都要尽早解决，不让自己带着苦恼过夜。她还非常注意饮食，除了喜欢吃粗粮外，平时吃得最多的就是新鲜蔬菜，还经常煲汤喝。她认为抗衰老就要多吃胶原蛋白，所以会尽量多吃含有丰富胶原蛋白的食物。

9.赵雅芝　实际年龄：64岁　视觉年龄：45岁

很多人都承认赵雅芝是"不老的女神"，她气质优雅，岁月没有在她的脸上留下太多痕迹。六十多岁的年纪，却有着四十多岁的外貌和身材，不输那些年轻女星，对她来说，年龄确实只是一个数字。她的保养秘籍是：吃得健康规律，均衡营养的健康饮食对美肌有很大帮助。只要一有时间，她就做面膜，有时自己还会调制一些面膜来敷脸。每个星期她都会坚持做有氧体操，保持身材的同时又可以促进肌肤代谢。还有，她认为保持愉快的心情也是很重要的，生气容易令肌肤生出皱纹；心态好，多微笑，就会更加迷人。

有了这些明星作为榜样，如今我不会再因为自己心里还住着一位公主而羞愧了，不会再拒绝那些蕾丝连衣裙还有连体牛仔裤，也不会再对时尚望而却步了。当然，我觉得这逆生长还是得有个度，只要能比实际年龄年轻十多岁其实就是最大的成功了。

美丽是爱情的保鲜剂、事业的敲门砖，所以不保养的女人是没有前途的。保养不仅是为了年轻，更是一种积极、优雅的生活态度。

苗条的身材会让你减龄

爱美之心人皆有之，尤其以女子为甚。我们喜欢去商场试穿各种漂亮的衣服，努力把自己打扮得更加漂亮。然而无论面孔长得多漂亮的女人，若是身材臃肿美丽都会大打折扣。若是想减龄，拥有绰约多姿的身材才是王道。《诗经》写道："关关雎鸠，在河之洲，窈窕淑女，君子好逑。"

女人若是不注重饮食，一旦胖起来就很难瘦下去。一些女人身材走形后与从前的形象完全判若两人，在事业上也相较逊色不少。虽然有些女人觉得丰满一些也无可厚非，但是当你在商场的名牌服装店里根本买不到合适的衣服，那么你就真的需要减肥了。身材肥胖的女子不仅影响外貌气质，严重者还会影响身体的健康。

引起女子身材肥胖的原因有很多。首先是步入青春期时，女性身体的雌性激素增多，卵巢排卵合成孕激素，进而引发增高、脂肪增多等形体变化，这些变化也意味着她们的体重会增加。其次是女人比男人似乎更难以抵御美食的诱惑，体重当然也增加不少。最后就是面对工作中的各种压力，比如熬夜加班，久坐不起已经成为她们的一种生活常态，因此也难逃肥胖。

其实无论什么原因引起的肥胖，大多数都与自身的体质有关。有些人喝白开水都会胖，而有些人却怎么吃都不胖。每个人的新陈代谢与储存的能量不同，肾上腺素与甲状腺素属于主管新陈代谢的荷尔蒙，也就是主管瘦的荷尔蒙。当人体中瘦的荷尔蒙高于胖的荷尔蒙时，这种人就是属于易瘦体质；反之，当体内储存能量的荷尔蒙高于新陈代谢的时候，人体就会偏向易胖体质。很多人以为体质是天生注定、无法改变的，但其实主导体质变化的原因就是饮食习惯。只要拥有正确的饮食习惯，就可以把易胖体质变成易瘦体质了，也就是说，我们完全可以通过正常饮食方式达到减肥的目的。

第一，每天早晨起来喝一杯温开水。它不仅能暖胃，还有助减肥，温开水能让体内的滞留物比较顺畅地排出，防止滞留物过多堆积在脂肪皮层下导致小腹胀大。

第二，减少食物的摄入量。要想减轻体重，不用放弃喜爱的食物，重要的是要加以控制。如果偏爱某种食物且食用量大，那就要注意减少每次的分量。如果一个人每天少摄取800卡的热量，就可在6个星期内至少减少7斤的体重了。不过，切忌体重降得过快，否则会对身体的健康造成影响。

第三，进食速度要放缓。吃饭时咀嚼次数要多，要细嚼慢咽，这样不仅有利于唾液和胃液对食物进行消化，而且有利于减少进食。食物进入人体，血糖升高到一定水平，大脑食欲中枢就会发出停止进食的信号。如果过快进食，在大脑发出停止进食信号前，你已经吃得过量了。所以，进食速度一定要慢，吃饭要以八成饱为宜。

第四，多吃流食。通常，流食的制作是很方便的。若每天有一餐只食用流食，则可达到减轻体重的效果。但流食要多样化，以免缺少营养，甚至可以每日两餐都吃流食。这样就可在 5 个星期内迅速减轻体重了，但要确保所选择的流食能提供身体所需的营养和蛋白质，并要保证一日三餐。

第五，少吃甜食。蛋白质不会使人发胖，但糖类会使人发胖。因为糖类在体内极易被分解和吸收，是人体热量的主要来源。绝大部分食物中都含有糖，那些糖已经保证了你身体的需要，额外过多地食用甜食，能诱发胰腺释放大量胰岛素，促使葡萄糖转化成脂肪。大部分肥胖女子，都有一个爱吃甜食的习惯。如要减肥，可以多吃点酸性食物，因为酸性食物具有健胃、助消化、解油腻的作用。

第六，吃膳食纤维。膳食纤维能阻碍食物的吸收，并在胃内吸水膨胀，使人产生饱腹感，因此有助于减少食量，对控制人的体重有一定作用。吃纤维多的人，咀嚼的次数也会相应增多，促使进餐速度减慢，以达到少吃的效果。

第七，坚持锻炼。很多女人肥胖的部位主要集中在臀部和腹部，这些人有一个共同的特点，要么长期从事案牍工作，要么不爱活动。久坐造成多余的热量消耗不掉，就转化成脂肪沉积在腹部和臀部了。所以，必须改掉不爱活动的生活方式，增加运动量，消耗多余的热量。坚持每天晚饭后快步走半个小时以上，这样就可以轻松减掉体重。还有跑步、跳舞、游泳、骑自行车也是很好的减肥运动，如果以前没有进行过类似的锻炼，开始时要少做一些，以防伤害身体。运动量过大，会增加食量，同样达不到减肥的目的。

第八，每天吃一个水果，两盘蔬菜。每天吃一个含丰富维生素的新鲜水果，不仅热量较低，所含的大量纤维素也是减肥的佳品。最好选择饭前吃水果，这也是一个减少食量的好方法。不能经常只吃一种蔬菜，西红柿、芹菜、萝卜、莴笋等都要换着来吃，每天至少吃两种，蔬菜的摄入量应保持在 400 克左右。

第九，少吃多餐，每天吃 5~7 个小餐，而不是 3 个大餐。只要控制总热量的摄入，就是一个减少热量摄入的最佳饮食减肥方法。少吃多餐能控制血糖水平和减少饥饿感，这样也能起到减少热量摄入的作用。

千万不要认为跳过任何一餐，或者不吃一两餐就可以减肥。事实上，不吃饭会降低你身体的新陈代谢，并引发你的食欲，从而容易造成暴饮暴食。如果不吃早餐的话，更是会让你一整天都通过乱吃零食来弥补。

减肥需要恒心与毅力，关键在于坚持。我不建议靠吃减肥药物或是节食来达到效果，这样是极不健康的。只有养成良好的饮食习惯才能科学地减肥，健康地减肥。

延缓衰老，与时间对抗

　　很多女人都会害怕衰老，因为衰老是美丽的天敌，更是女人的天敌。与其每天对着镜子紧张地关注自己的皮肤、身体机能以及发质是否产生变化，倒不如始终保持年轻的心态，与时间对抗，延缓衰老的到来。可是，有些人想尽办法，却沮丧地发现衰老仍然在慢慢推进。因此，我们必须找到促使女人加速衰老的根源，才能与时间顽强地对抗，并让年轻的容颜在自己的脸上多停留几年。

　　女人们都喜欢庸人自扰，整天愁眉苦脸，殊不知这样会使皮肤细胞干枯无华，出现皱纹，同时还会加深面部的愁纹。还有，熬夜是促使皮肤老化的元凶，如果睡眠不足，会使皮肤细胞的各种调节活动失常，影响表皮细胞的活力，所以每天至少要睡八个小时。你的睡眠是否充足都会直观地反映在自己的脸上，尤其是娇嫩的眼部肌肤。吸收过量的紫外线也会对皮肤造成很大的伤害，轻则令皮肤变黑变粗，重则可能导致皮肤癌，而且它更是皮肤提早老化的罪魁祸首之一。阳光直射会直接损伤皮肤深层的弹性纤维和胶原蛋白，致使面部皮肤变得松弛无光泽和出现皱纹，所以，要养成使用优质防晒品的好习惯。

尼古丁对皮肤血管有收缩作用，吸烟的女性容易过早地出现皱纹。如果你是一个长期吸烟者，即使你天生丽质，看上去也会比同龄人至少衰老五岁。我们只有彻底改变这些不良的生活习惯，才能更好地保持肌肤的年轻，以达到延缓衰老的目的。想要永葆青春，适量的运动也是必不可少的，因为它能促使全身血液循环加速，让肌肤达到健康水平，大大减缓肌肤衰老的速度。

主持人杨澜就保养得很好，岁月似乎对她特别优待，并没有在她的脸上增添太多的沧桑和皱纹。犹记得20世纪90年代主持《正大综艺》节目的杨澜，她给人的感觉就像是邻家女孩，眉清目秀、伶牙俐齿。直到她去了美国深造，回国创立了阳光媒体集团，摇身一变成为优雅端庄的女强人，完全颠覆了自己以前的形象。现在的杨澜，剪了一头干练的短发，容貌精致，气质优雅，更增添了几分女人味。别的女人是随着年龄的增长，容颜日减，而她却是比年轻时代的自己更有味道、更漂亮了。

塞涅卡曾说，青春不是人生的一段时期，而是心灵的一种状态。是的，只有心态年轻的女人，才会永远青春靓丽。抗衰老对于我们来说，已经不是一个遥不可及的梦了，只要合理利用抗衰老产品，并保持一个良好的心态，就一定可以成为你理想中的样子。不要听信杜拉斯在《情人》中所写的，"与你那时的容貌相比，我更爱你现在备受摧残的面容"。也千万别指望有哪个男人会对你说这样一句话，除非他爱你更甚于爱自己的生命，然而，这种概率又能有多大？现实是很残酷的，男人们永远喜欢追逐青春靓丽的女性，并愿意为她们服务。如果你不想被衰老击毁所有的自尊、自信以及信仰，就要与时间对抗，好好保养自己的容颜与身材了。其实，在现今发达的美容科技支持之下，我们已经能够实现抗衰老的梦想了，那么大家就来了解一下目前都有哪些抗衰老的方法吧。

1. 肉毒杆菌

在消除皱纹方面有着异乎寻常的功效，其效果远远超过其他任何一种化妆品或整容术，但是肉毒杆菌 A 型毒素毒性极强，它能破坏 SNAP-25 的蛋白质，从而切断神经细胞间的通信并使肌肉麻痹。通常注射肉毒杆菌毒素后，平均 10 天左右皱纹会慢慢地舒展、消失，使皮肤变得平坦，除皱效果可维持 3 ~ 6 个月。注射肉毒杆菌以后，还需要不断注射，才能让效果延续，所以在经济上需要一定的实力。

2. 注射玻尿酸

玻尿酸注射美容最引以为傲的特点是能够迅速填充皮肤皱纹，使一直困扰女性的各种皱纹消失得无影无踪。随着年龄的增长，皮肤中透明质酸含量会不断减少，使得皮肤含水量下降，皮下组织体积也相应减少，通过玻尿酸注射除皱，可将人体肌肤所需要的透明质酸注入真皮层，便可以逆转皮肤老化，使皮肤恢复活力了。

3. 胶原蛋白

胶原蛋白从动物表皮中提取，它们含有大量的保湿因子，有阻止皮肤中的酪氨酸转化为黑色素的作用，故胶原蛋白具有纯天然的保湿、美白、防皱、祛斑等作用，可广泛应用于美容护肤品中。女性衰老的原因，是因为成纤维细胞的合成能力下降。若皮肤中缺乏胶原蛋白，胶原纤维就会发生交联固化，使皮肤不再柔软，失去弹性和光泽，然后走向老化。将胶原蛋白作为活性物质用于化妆品中时，可以扩散到皮肤的深层，从而抑制黑色素的产生，使皮肤中的胶原蛋白活性增强，保持角质层水分以及纤维结构的完整性，使得皮肤变得富有弹性和光泽。

4.胎盘素

胎盘素可分为来自动物的胎盘素和人胎素两种，而实际应用中，一般都是用来自动物的胎盘素，也被称为羊胎素。胎盘素的制剂类型包括针剂、口服胶囊和外用化妆品。除了针剂产品能够对皮肤起到很好的美容作用外，专门针对美容生产的羊胎素化妆品对女性美容也有着最直接的好处。使用胎盘素不只可以改善粗糙老化的肌肤，还可淡化皮肤上的斑点，美白效果也十分不错，可算得上是美容圣品。

5.卵巢保养法

身为女人，如果卵巢保养得好，可以使面部皮肤细腻光滑，永葆韧性和弹性。每天临睡前可用双手按摩小腹的位置，顺时针方向轻轻地在小腹上打圈圈，或者去美容院找专业的技师帮你按摩保养卵巢。女性一定要保持良好的情绪，不能郁郁寡欢，否则会使你内分泌失调，从而影响卵巢。女人每逢月事，一定要选择清淡的食物，多吃卷心菜、花菜等，因为这些蔬菜里含有很丰富的维生素，能够起到保养卵巢的作用。

6.含硒的保养品

硒是迄今为止发现的最重要的抗衰老元素，它发挥着抗氧化的作用，保护细胞膜不被氧化。我们既可以使用含硒的护肤品，也可以食用含有天然硒的食物，比如玉米、红豆、金枪鱼、龙虾、鸡蛋、大蒜等。

7.抗衰老食物

说到抗衰老的食物，藕是最佳的选择。藕微甜而爽口，既可以用来生食也可用来做菜，不仅营养价值高，其药用价值也相当高，是上好的滋补佳品。有着"长寿菜"之称的马齿苋，也是延缓皮肤衰老的食品，它含有较强的抗氧化剂，能帮助延缓肌肤的衰老，还能消除色斑，让肌肤更加细腻和光滑。而我们日常生活中经常吃到的大白菜，营养价值也非常高，最重要的是它蕴含丰富的维生素C与微量元素硒，能帮助对抗"自由基"对细胞的损伤，从而延缓人体的衰老。

8.补充维生素C、E

补充维生素C是女性抗衰老的第一步，因为它是一种特别有效的抗氧化剂，具有捕捉加速衰老的自由基、还原黑色素、促进胶原蛋白合成的作用，还可以有效地强化肌肤对抗日晒伤害的能力。含有维生素C的精华素和乳液能够抑制色素的增加，使雀斑变淡，改善皮肤密度，从而达到美白和调整皮肤纹理的作用。而维生素E不仅能延缓衰老，有效减少皱纹的产生，还可以锁住水分，所以它又有"皮肤深层保湿剂"的美誉。

9. 抗皱护肤品

在日常皮肤护理中，抗皱护肤品必不可少，比如抗皱霜、精华素和眼霜都是祛除皱纹、保持皮肤弹性的最佳用品。女性从 25 岁开始，就应该使用抗皱护肤品了，不过必须循序渐进，刚开始时用量要轻，随后根据皮肤的需要逐渐增加剂量。还有，我们应该结合自己的实际情况选择抗皱护肤品，并考虑身体中激素的变化，千万不要让自己的皮肤不堪重负。

让自己显得更年轻的服饰

当我们把一件衣服穿在身上的时候，总希望它能传达一些美好的信息，比如美丽、自信，或者优雅。这其实也是传递着一种正能量，意味着你不是一个敷衍了事的女人，不会轻视自己、怠慢自己。一个时刻注重品质的女人往往更容易获得他人的尊重，因为她能给人以美好的视觉享受。我们常常在街上与不少人擦肩而过，如果一个穿着时尚、充满青春活力的女子朝你迎面走来，一定会给你留下美好、深刻的印象，这就是外在美的魅力所在了。娱乐圈中有许多非常懂得穿衣打扮的女明星，她们都很善于运用服装使自己看起来更年轻，比如周迅、高圆圆、范冰冰和林心如等，看起来与那些新生代的年轻女星旗鼓相当，甚至在外形上一点都不逊色。我们常常可以在时尚杂志上看到以上这些女明星拍摄的写真照片，即便是穿上青春的服饰也非常协调，完全看不出她们的真实年龄。

谁都希望自己看起来能更年轻一些，除了保持健康的生活方式，维持年轻的心态外，我们还可以挑选让自己显得更年轻的服饰。

1. 田园风格服饰

花与大自然能让人联想到世间一切美好的事物，因此春意袭人的花朵装绝对能提升你的气质，而且几乎每一年的流行元素里都少不了它们。当你一袭花裙出现在办公室或者街道上，它定会增加你的明艳度和亲和力，还有不俗的减龄作用。一袭小清新的碎花短裙，会让你散发着田园风的纯粹与美丽；蓝色与黄色的碎花直筒长裙，外搭一件米白色的针织衫，会令你变得既温婉又富有活力；而粉色与绿色的碎花连衣长裙，戴上一顶深蓝色的宽檐草帽，则让你充满名媛的优雅气质。

2. 波西米亚风格服饰

波西米亚风格的服装并不是单纯指波西米亚当地人的民族服装，而是一种融合了多民族风格的多元化产物。此类风格的典型表现为层层叠叠的花边、无领袒肩的宽松上衣、大朵的印花图案、皮质的流苏和五彩缤纷的珠串装饰，它的颜色多采用撞色和暗色，比如宝蓝与金啡色，中灰与粉红等。穿上一条波西米亚风格的吊带连衣裙，一股浪漫的气息就会扑面而来，令你瞬间变成清新优雅的气质女人。

3. 维多利亚风格服饰

华丽、含蓄、柔美是维多利亚风格服饰的象征，常用蕾丝、细纱、缎带、荷叶边、蝴蝶等元素，款式则多是立领、高腰、公主袖、羊腿袖等复古宫廷设计。如今的维多利亚风格服饰与20世纪的设计相比有了很大突破，极具现代感，但富有古董感的蕾丝仍是维多利亚风格的典型代表，因为上好的蕾丝颇费手工，而且价格不菲，所以具有高级定做的珍贵感；当今荷叶边的设计也与以往不同，摆脱了小家碧玉的小气之感，大大地舒展开来，在造型上也更加大气，营造出古典高贵的气质；而无论是搭配休闲外套的膝上蛋糕裙，还是出席酒会的长款蛋糕裙，仍然是年轻、时髦女郎的最爱，因为它最能表现出维多利亚式的华丽典雅精神。

4.运动风格服饰

运动风格始终是最受年轻女性欢迎的，因为它代表着活力、时尚与青春，其款式大多以宽松、动感为主，颜色通常都很鲜艳，给人一种积极向上的活力。选择街头风十足的横条纹开衫和黑色T恤，搭配浅色牛仔裤，这样会使自己的年龄至少拉低6岁；条纹装还能修饰身材，配上白色的帆布鞋，可以让自己更时尚；眼下大热的运动短裤，是运动装扮的必备单品，与一件短款的运动连帽衫相搭配，鲜亮的色泽能让你充满青春的活力；最佳的运动风格装扮当然是海军风条纹T恤，修身长版款式无论单穿或是搭配长裤都很耐看，并具有良好的减龄效果。

5.民族风格服饰

民族风格的服饰中，衣服与饰品相依相存，构成完美、和谐的画面。从20世纪60年代兴起的嬉皮风格，到近几年再度燃起的民族风格，配饰对服装风格个性的强化作用越来越突出，比如表面斑驳而镶有天然石头、珊瑚的充满异域风情的银质藏饰，平实的材料却散发出浓烈的复古味道，将现代时尚与民族风情搭配得相当协调。配饰为民族服装增辉添彩，成为民族服饰的精华，服中有饰、饰可成服可说是民族风格服装的一大特色。选择有水墨图案的套头衫，配上黑色打底衫和打底裤，这样的装扮看上去十分年轻，紫色与黑色的搭配还可为你增添高贵的古典气质。

6. 韩版风格服饰

韩版风格服饰舍弃了简单的色调堆砌，通过特别的明暗对比来彰显其品位。那种浓艳的、繁复的、表面的东西已被精致的，甚至有点羞涩的展现所代替，不规则的衣裙下摆、极具风情的花边都在表现它的美丽与流行。韩国女子很注重外表，为了自己的美丽会付出昂贵的代价，因此，她们的服饰也非常讲究。一件温暖的呢绒大衣与精致的刺绣花边裙共同谱出冬日的浪漫序曲，那抹粉色渲染开一丝唯美，仿若恋爱般的甜蜜味道；经典的斗篷在冬天的季节里大行其道，大而宽松的感觉十分舒适，细细柔柔的温暖轻拥着全身，演绎出经典和纯粹，渗透着复古迷人的韵味，干净的色调恰到好处地凸显出名媛的气质。

7. 学院风格服饰

曾经身处校园生活的你，或许总是想方设法把自己打扮得成熟性感，但是只要踏出校门，很快就会重新迷恋起简单却又充满理性的学院派风格。学院派风格服饰也曾经风靡一时，但是由于其自身幼稚气息的存在，才慢慢淡出成熟女性的时尚衣橱，但是其局部风格还是融入大家的服饰搭配中去，例如格子短裙就成为经典。还有，英伦学院清新风格的红白蓝经典格子衬衫，其格纹布料和牛仔简裙的搭配，为女性增添了独特的气质，并衬托出女子内心柔软简单的一面。而一件蓝色的娃娃领衬衫，外搭一款素色的针织开衫，下身搭配千鸟格图案的半身短裙也能使青春气息得到升华，让整体造型在可爱的同时又不会显得过分低龄。

8.通勤风格服饰

通勤风格服饰与职场女性的OL造型相似，属于时尚白领的半休闲主义装扮。休闲已成为这个时代不可忽视的主题，它不仅是度假时的装束，而且还会出现在办公室和派对上。女人们在这些场合宽容地接纳了平底鞋、宽松长裤、针织套衫，因为这些服饰会让她们看上去更温和、更加贴近自然，还有助于打造干练、简洁、清爽的形象。一件红色的西装外套已是非常夺目，内搭黑白条纹打底衫，下身穿卡其色九分休闲裤，就会把职场女性的干练和小女生的可爱一起体现出来；长款风衣外套也是这种风格必备的单品，简约修身的翻领款式，合体的剪裁都能突出小女人柔美的身材曲线，并帮助你减龄。

发挥自己温柔可爱的天性

托尔斯泰说过，人并不是因为美丽才可爱，而是因为可爱才美丽。一个快乐的女子，不快乐也会制造快乐，她的笑容不一定能使全世界绽放，却可以放松我们紧绷的神经。一个温柔可爱的女人，感到快乐的时候会开怀大笑，悲伤来临时就会放声大哭，当所有的情绪发泄后，就会发现自己又恢复到原来的样子。这个世界苛刻的事情太多，如果我们不能化解阴霾，内心始终被负能量占据，那么，我们的脸上又如何能舒展开笑容呢？一个整日愁眉苦脸的女人，是难以给别人留下好印象的。

作为女人，被别人赞美"温柔可爱"是一件值得骄傲的事情，这意味着你在他人眼中充满了魅力。而"温柔可爱"并不是年轻女孩的专利，我就见过一个温柔可爱的老太太，很讨人喜欢。她已经71岁了，面目慈祥，穿着整洁，但始终保持着年轻人的心态，还努力去学习新生的事物。老太太的爱好是写文章，但在56岁时她才提笔写稿。当时，她要带孙女，又要做饭，只有每天起早和熬夜才能写作，但是她一直乐此不疲。后来为了投稿方便，到68岁时，她又学会了用电脑。老太太的这份爱好文学之心，真是令人敬佩和动容。她知道我是作家，还常常向我讨教如何在网络及杂志上发表自己的文章，并拥有自己的粉丝。岁月虽然让老太太的脸上布满了皱纹，但是她可爱的天性却依然让人觉得她是美丽的。最典型的代表还有伊丽莎白二世，她也是一位温柔可爱的老太太，不过，她的气质和气场，恐怕会令很多年轻女孩都自惭形秽。

其实，温柔和可爱是女人的天性，如果我们能发挥自己的这种天性，就一定能在事业和婚姻中获得成功。

对于职场上的女性而言，应该知道如何妥善地处理好人际关系。她会去了解上司的喜好，知道什么话应该说，什么话不能说；清楚什么事应该做，什么事不能做。即使自己做错了事情，或者与同事发生了摩擦，她也能凭借温柔的态度、得体的语言去把一切误解、愤怒和仇恨化解掉。在如此温柔可爱的女人面前，斤斤计较、得理不饶人则会显得非常滑稽可笑。

在婚姻生活中，一个温柔可爱的女人也是比较容易获得幸福的。我的朋友李雪是一名女作家，她的丈夫身为记者要经常出差，还有一个三岁的女儿需要照顾。可是，观察她微信所发朋友圈的内容会发现，有一些是家庭趣事，有一些是每天烹饪的菜肴，还有一些是她与丈夫的打情骂俏。看到的人，都会认为她的日子过得无忧无虑、轻松自在，可我知道，其实不然。

她告诉我，每天一大早就得起来准备家人的早餐，然后送孩子去幼儿园；下班接孩子回家后，又要做一家人的晚餐。除了繁忙的家务事，她还要利用业余的时间写作，约稿比较多的时候，甚至一个月需要完成六七万字的作品。但是，这一切她都能兼顾得很好。而且，一年之中，她会利用难得的假期安排至少两次出游的机会，这不仅有助于她释放生活的压力，同时也有助孩子增长见识。她很独立，没有抱怨丈夫为了工作，不在自己身边帮忙照顾孩子和父母，反而很支持他的事业；她说爱一个人，就要爱他所热爱的事业。每当丈夫出差回来，她还会用心做一桌佳肴来慰劳他。李雪的温柔可爱带给她丈夫很多快乐，所以她的丈夫有时候也会送些小礼物讨她的欢心。可见，想要一个男人幸福，只需让他感到舒适，并让他按照自己的意愿去做他想做的事就足够了。能带给自己丈夫幸福的妻子，也会从丈夫那儿收获自己想要的幸福。

因此，一段美满的婚姻是要用心去经营的，夫妻之间要永享爱情的甜蜜，就必须相互理解和尊重。两个人恋爱时要远比婚姻生活轻松和惬意，因为恋爱可以花前月下、浪漫无比，但是婚姻却要经受柴米油盐、锅碗瓢盆的考验。永远不要拿放大镜去看对方的缺点，两个人能走在一起就是难得的缘分，不管是谁都希望自己的表现能使对方满意，即便偶尔出现令你不称心的事情也不要过于放大，一个温柔可爱的女人，眼里不只要看到丈夫的优点，还应学会去接纳他的缺点，并包容婚姻生活里出现的磕磕碰碰。两个人在一起久了，感情再和睦的夫妻也都会有不开心和争吵的时候，此时切忌说一些伤人自尊的话，否则就会一发不可收拾。如果他已经闭嘴，你就不要再喋喋不休地说下去了，他的沉默只是不想为了一些鸡毛蒜皮的小事而影响到双方的感情。如果你适时说一个幽默的段子，一定会立即化解双方的矛盾，还能令你们的关系变得亲密无间。通常女人在家里不应该太强势，遇到大事应该交给男人去主导，温柔的女人此时会巧妙地表现出小女人的姿态，让男人保护弱者的天性得到淋漓尽致的发挥。但是，温柔不代表退让和懦弱，当面临棘手的问题时，女人也要表现出独当一面的能力。

温柔可爱是女人从骨子里渗透出来的一种本能，它有着一股无形的力量，会缓缓地从你体内飘散出来，像一首韵味无穷的小诗，不断地弥漫、渲染，将男人紧紧地缠绕，让他感受到一种温馨美好的感觉。我们可以凭借这股力量，凸显自身的柔性之美，使自己变得更完美、更妩媚、更有吸引力。面对一个美丽、温柔、可爱的女人，相信任何男人都会无力招架，最终拜倒在你的石榴裙下。

健身，让你充满青春的活力

　　"生命在于运动"，源于法国思想家伏尔泰提出的运动格言。它的内涵是，生命的产生在于运动，运动是生命诞生的前提条件，没有物质运动就不会有生命的产生。想要永远保持青春的活力，女性朋友更是要积极锻炼身体。不过，每个人由于体质不同，一定要根据自己当时的体质情况决定运动量，因为缺乏营养或者体质较差的女性是绝对不能长时间运动的，否则过量的剧烈运动对身体也会造成伤害。健身俱乐部的产生就是了为了方便大众健身而开设的，现在有越来越多的中青年男女加入到健身的行列中来，为自己的健康投资已成为人们实现健康生活的最佳途径。20 世纪80 年代以来，国内健身俱乐部已初具规模，也给我们带来了一些全新的健身理念。女性除了各种健身器械锻炼之外，还派生出一些特别的健身项目，如瑜伽、钢管舞、肚皮舞、拉丁健美操及形体操等。

　　想要塑造完美的身材，光靠减肥当然是远远不够的，特别是已经生育的女子，要消除臃肿的四肢和突出的小腹更是迫在眉睫的问题。在健身俱乐部，健身教练会帮你定制一套适合你个人的健身方案，依据你的个人需求、体能状况、运动习性进行针对性的训练，健身效果会比较明显，还可以避免一些不正确的运动方式造成的损伤。

赫敏是一位瑜伽教练，她脸色红润，身材曼妙，浑身散发出一股恬适的温柔气质。她告诉我，瑜伽起源于印度，距今已有五千多年的历史。当时，高僧们为了追求天人合一的最高境界，经常僻居在森林里静坐冥想，逐步去感应身体内部的微妙变化，于是他们懂得了和自己的身体对话，从而开始进行健康的维护和调理。他们经过几千年的钻研，终于衍生出一套完整、实用的养生健身体系，这便是瑜伽。瑜伽锻炼需要有充足的耐性，锻炼几周后，你就会感觉内心比以前平静，注意力也相对集中了，因为瑜伽能使包括脑部在内的腺体神经系统产生回春效果，心智情绪自然会呈现积极状态。它对于脾气大的女性更是有好处，不仅可以安抚情绪，还可以使呼吸变得放松，让身体、心灵在一呼一吸中吸进纯净，吐出毒素。不仅如此，瑜伽对美容和塑身还具有奇特的效果。首先，它会使我们的面部皱纹减少，产生天然的"拉皮"效果，这主要归功于倒立的姿势。一般人通常都是直立体位，地心引力会促使肌肉下拉，使面部肌肉逐渐出现下塌的迹象。如果我们每日能倒立数分钟，就可以扭转地心引力的作用，令面部肌肉不致松弛，并减少皱纹。其次，瑜伽的倒立体位还可以使我们的头发恢复光泽，延缓出现灰白。由于倒立，流向头皮内发囊的血液增加，因此就能得到更多的营养，生长出健康、茂密的头发来。最后，是瑜伽的塑身作用。坚持练习瑜伽，就能够消耗身体相当多的热量，排出大量的汗水。它如一个塑身烤箱，可以净化身体，加快血液循环，从而达到减肥瘦身的目的。即使我们日后停止练习，只要减少进食量，体重也不会出现反弹。

知道练瑜伽的诸多好处后，越来越多的女性都来找赫敏学习瑜伽，特别是那些中老年女人。她们的年龄从四十岁到七十岁不等，有些人一周锻炼三次，有些人一周只锻炼一次，取决于她们各自的实际情况。不过，她们锻炼时都是全身心投入的，每个人都希望自己能永远保持年轻的心态以及健康的身体。

除了练习瑜伽，还有拉丁舞、肚皮舞也有着很好的塑身效果。台湾著名的主持人小S就是学了拉丁舞后，身材变得凹凸有致。拉丁舞除了提升身体灵活度及达到强化心肺功能外，同时还可以加强锻炼人的每个部位，尤其对平坦腹部及腰部的瘦身功效最为明显。因为拉丁舞动作强调髋部的摆动，因此对于腰部的锻炼有特殊的效果。而肚皮舞有助于大腿的塑形，对收紧腰腹的肌肉，减去腰腹赘肉有非常好的作用。这种舞蹈不仅可以有效地减去肚皮上的脂肪，使皮肤变得光滑紧绷，还可以对身体内脏器官的新陈代谢和系统循环有很大的帮助，让你拥有梦想中圆润的臀部、挺拔的胸脯和灵活的脖颈。其实，在练习肚皮舞的过程之中，强调的是自我欣赏与自我发现。无论你属于什么体形，都能够在舞蹈中发现自己无与伦比的女性魅力，并提升你的自信与气质。

或许有些女性不喜欢去健身俱乐部，更喜欢贴近大自然的有氧运动。那么，我们还可以通过其他方式去锻炼身体，以享受更多的运动乐趣。

1. 打高尔夫

高尔夫一贯被认为是绅士的运动，其实，它对女性也同样适合，优美的场地环境，适中的运动量，会让你的整个身心都得到锻炼。坚持打高尔夫球一段时间后，你的身体就会变得很结实，但是不同的人，力量也是会有所不同的。建议力量弱一点的女性可以选择质地硬一点的球，而力量强一点的女性则可以选择质地软一点的球，根据自己发力的力度不同来选择不同质地的球，会对你打出的距离有所帮助。

2. 滑冰

滑冰有助于锻炼身体的平衡能力和全身的灵活性，特别会让腰腹肌和小腿肌得到很好的锻炼。同时，滑冰的运动量较大，不仅能提高你的肺活量，还会消耗掉不少的脂肪，而不是水或糖。女性朋友保持每周滑冰 2~3次，每次 40 分钟为最佳。

3. 骑自行车

这是一项最易于坚持的运动方式，我们完全可以在日常生活中进行，因为它不会占用我们太多的时间。它不仅可以减肥，还能使你的身段更为均匀迷人。对于靠节食减肥的女性来说，单车运动所练成的结实肌肉和细小足踝，总比面容憔悴、青筋突起的节食身材要好看得多吧？骑着这种靠本身体力去驱动的双轮脚踏车，你会感觉畅快无比，因为它不只是一种减肥运动，更是愉悦心灵的放飞。

4. 慢跑

没有什么运动比慢跑更大众化了，它不需要你投入太多的金钱和时间，却可以受益良多。女性朋友持续进行三个月以上的有氧跑步锻炼，可以有效地缓解经前综合征，还非常有利于减肥，但最好的方式就是跑和走相结合。锻炼一段时间后，你会发现自己的形体会有所改善，这种成就感可以增强你的自尊心和自信心。

5.骑马

以前只能在电视里看到人们策马奔腾的身影，但是如今，骑马已经成为现代人一种时尚的健身运动了。很多人只要骑上马，就会获得高度的刺激和兴奋感，而且英姿勃勃、神采飞扬的形象，能够唤起人们内心深处潜藏的自信，缓解压抑的情绪，以此获得极强的成就感。对于女性朋友来说，骑马不仅可以锻炼你的敏捷性与协调性，还可使你多余的脂肪得以消耗，各部位的肌肉得以强健。它的神奇之处还在于，能使你该丰满的部位结实，该减肉的部位消瘦下去，是最好的健美运动。

6.游泳

经常游泳的女性体形健美，给人充满活力的感觉。在水中，为了克服水的阻力，需要消耗一定的热量，所以游泳可以使你身上多余的脂肪渐渐减少，并有效地锻炼到你的胸部和四肢。游泳还起着改善内分泌失调的作用，让女人减少焦虑，心态平和，连皮肤也会变得光彩照人。因此，建议有条件的女性，至少每周游泳一次，每次 40 分钟为宜。

我们都知道，每日适当的锻炼不仅有利于身心健康，更有利于维持良好的体形。但是多数女性在健身的过程中可能会存在一些误区，认为锻炼的时间越长越好。虽然健身的时间越久，锻炼的效果越明显，但是要记住质量永远比数量重要得多。其实，我们在健身房的时间，还包括与朋友交谈，等待健身器械和去饮水机前取水的时间。尝试在健身之前规划一下，争取你在健身房的大部分时间都用在运动上，这样才能得到更全面的锻炼。但是，健身不代表着饮食不用再节制，这种逻辑往往会导致体重增加。虽然运动是消除暴饮暴食后心理负担最有效的方式，但它不应该成为一个长期放纵自己嘴巴的借口。

有些女性还认为减肥的唯一途径便是控制饮食。值得庆幸的是，我们现在知道了健身可以提高新陈代谢，更有利于减肥和美体。但是，有一点必须注意，那就是做家务是不可以替代健身的。很多女性以此为借口给自己找不健身的理由，做家务活虽然也会使你消耗大量的体力，但是也会使人疲惫，心生懒惰。健身则不同，它强调规律，是有组织、有计划、有目的地对人的运动强度、运动量、运动间歇进行控制的过程。而做家务活则容易造成局部劳损，缺乏科学规律的训练控制，使训练无法适应身体的需求，所以难以达到锻炼的目的。许多女性或许还有这样一个习惯：找到一个自己喜欢的健身项目，并且一直坚持下去。事实上，运动是一个奇妙的东西，你对这项运动熟悉以后，便会很容易达到理想的状态，如此，也意味着你付出的热量会逐渐下降，就无法真正实现锻炼身体的目的了。尽管我们不需要停止喜欢的运动，但是我们还可以多找几个自己可能会喜欢的运动项目，让身体不至于总是处在舒适的状态，这样就可以摆脱身体的惰性，并且乐在其中了。

第四章

良好的修养，让你永远魅力四射

一个真正有修养的女人

一个真正有修养的女人，绝不是仅仅懂得为人处世以及礼貌用语就足够了。因为修养是一个非常美好的词语，是一个人综合素质的表现。修养，是待人接物的方式，是优雅的谈吐，是面对挫折的乐观心态，总之，它代表了一个人最好的修为。修为之美无时不在渗透着你的外在之美，让你越发耀眼迷人。

现实生活中不乏这样的现象，那些富有青春气息、貌美如花的女孩，很多都缺少一种高贵优雅的气质，这是因为她们缺乏生活的磨炼，文化修养不高。不过，也有一些女孩很幸运，出生在文化涵养很高的家庭，较早地受到良好的教育，就能在不少方面显现出自己的魅力。除此之外，还有一些优秀的女子，她们即使从小没有接受很好的家庭教育，也能通过改变自我来不断地提升自己，凭借着各种后天的努力，使自己成为越来越出色的女人。因此，气质与修养从来都不是影星和名媛的专利，它是属于每一个女人的。无论你从事什么职业、任何年龄，哪怕是一位最平凡的女子，也一样能通过提高自身的修养使自己具备独特的气质。

　　良好的修养最能体现出一个人的品质和内涵。特别是一个有修养的女人，她对加深人与人之间的沟通交流，衡量社会文明程度有着举足轻重的作用。修养也是文化、智慧、善良和知识所表现出来的一种美德，是崇高人生的一种内在力量，想要提升自己的人格魅力，就必须从塑造自身的形象开始。真正有修养的女人不是做给别人看的，而是发自内心的一种举动，其实修养与习惯是密不可分的，良好的习惯久而久之就会成为自觉的行动，所以要有意识地培养良好的习惯。为什么有些女人在接听电话，问候别人，甚至微笑时都会给人一种很美妙的感觉，而有些女人却恰恰相反？这就关系到一个人的修养问题。一个真正有修养的女人会由内而外散发出一种美，这种美，并不是靠精致的妆容、穿名牌服装就可以做到的。如果我们说话没有艺术，或是举止不恰当，就很难得到别人对自己的尊重。因此，一个女人良好的修养应体现在以下几个方面。

　　1. 注重外在形象
　　女人外在的形象，体现了她的个性、身份、品位以及心理状态，而得体的服饰更能令人赏心悦目。一个高贵优雅的女士肯定会注意服饰的每一个细节，因为她明白干净的领口、衣服的质地、崭新的鞋子对整体形象的塑造有非常重要的作用。因此，为了塑造一个良好的形象，我们应该尽可能地把自己打扮得光鲜亮丽、干净整洁，并注意衣服的和谐搭配。

　　2. 言行举止优雅
　　透过一个人的言谈、举止、动作、表情，均可看出她的修养和风度。一个优雅的女人会有正确的站姿、端庄的坐姿和得体的走姿，她会用亲切的语气与人交谈，不轻易打断别人的谈话，并善于倾听。在日常生活中，她还会微笑着问候他人，并使用敬语，体现出淑女之美。

3.喜欢阅读书籍

有修养的女人都热爱读书，擅长思考，因为她懂得只有充实自己的文化知识，掌握大量的现代资讯，才能摆脱愚昧和无知，不再是一个空白的人。读书还可以提高女人的文化层次和综合素质。通过阅读，她不仅能学会解决实际生活中遇到的各种问题，还能在无形中为自己增加一抹书卷文艺的气息，令气质更加出众。

4.懂得控制情绪

在竞争和快节奏的生活压力下，现代女性难免会出现焦虑、愤怒、不安和压抑的情绪。这些情绪很折磨人，她们急于找到宣泄的出口，但是采用暴跳如雷或者河东狮吼的方式都是极不明智的。一个有修养的女人会明白，坏情绪会严重损害自己的人际关系，所以她不会动不动就指责他人，并有意识地控制自己情绪的波动。

5.善于运用智慧

女人的修养也与智慧紧密相连。智慧是博爱与宽容，是情感的丰盈与独立，更是不计较得失的平衡心态。除了学习各种文化知识外，善于运用智慧也是非常重要的，它能使你懂得把握自己的人生、了解这个社会、善待生命和认知自然。一个有智慧的女人不会随着岁月的流逝而失去光泽，反而更加有魅力。

6. 有公众道德心

公众道德和素质有很大的关系。一个有修养的女人，当然不能随意乱扔垃圾、乱穿马路、损坏公物，更不能在公众场合大声喧哗。如果你缺乏公众道德心，基本就是与优雅的女人告别了。

7. 具有女性的矜持

矜持，顾名思义就是女人要略微骄傲，举止不轻浮。说话前的认真思考，走路时的小心翼翼，听到笑话后腼腆的微笑，这些都是矜持的表现，体现了一个女人的修养。矜持的女性，在处理一些事情上会很有主见，她们待人接物有自己的想法，有自己的观点，绝不会人云亦云。做一个有修养的女人，首先要学会高贵，懂得自尊自爱，这里的高贵是心态上的高贵，也代表了女性矜持的状态。

8. 拥有善良的品德

有一种美丽是看不见的，它需要用心来感受，这种美丽就是善良；有一种气质是典雅的，它需要用心来品味，这种气质也源自于善良。一个有修养的女性必定是善良的，她会向需要帮助的人伸出援手；她会守住底线不去伤害任何人；她会宽容大度，原谅别人犯下的错误。善良能使人美丽，美好的品行也能帮你塑造美好的形象，只要心存善念，你就会变成有修养、有品位的女人。

　　总之，修养是一种人生体验到极致的感悟，也是每个人不断修炼的结果。一个有修养的女人只会被岁月打磨得更加光彩照人、魅力四射。她会真诚地待人、认真地工作、积极地生活，使围绕在她身边的人，都感受到和谐和愉悦。其实，女人最经久的美在于气质而非美貌，在于修养而非装扮。如果一个女人的修养与美貌并重，便能散发出超然的气质，在人群中脱颖而出。因此，修养是女人一生的财富。

气质来自于优雅的谈吐

在日常生活中，我们经常会碰到这样一种女人：她并不漂亮，但和她交谈却很舒服。她的一举一动都透出涵养、聪慧与贤达，让人看着就觉得很有韵味。其实，在与别人交往的过程中，优雅的谈吐是最吸引人的。

语言是一门艺术，它既可以成就一个人，也可以毁灭一个人。韩国影视明星张娜拉长相甜美，有一段时间深受中国影迷的欢迎，后来到内地发展，有许多中国导演也纷纷找她合作，本来依照这个势头，她完全可以成为在中国最当红的韩国女星。然而，就因为张娜拉在一次访谈节目中发表了不好的言论，称自己一没有钱，就会来中国赚，简直把中国影迷们当成了人傻钱多的冤大头，从此她就彻底地从中国的荧幕里消失了。

而台湾著名影星林志玲就很懂得说话的艺术。她30岁的时候是以模特的身份出道，当时有很多人都嘲笑她是花瓶，不过是靠言承旭和家世而已。可林志玲的回应既礼貌又得体，她说："花瓶吗？很好啊，这也是对外表的一种肯定方式，我会把它看作赞美，再说声谢谢。当然，如果你真的对这只花瓶感兴趣，随着时间的推移，你会看到一个真实的我。"还有一次，在前几年《赤壁》的发布会上，有记者问她："你介意梁朝伟的身高跟你不相称吗？"林志玲微笑着回答说："在我心中，男人的气度永远是胜于高度的！"记者哑口无言，没有再说话。林志玲不仅面容姣好、身材火辣，连谈吐都很优雅，所以才能当选为"台湾第一美女"。

优雅的谈吐能看出一个人是否受过良好的教育，诸如说话的声音、说话的语速、说话的姿态、说话的内容，甚至是词汇的选择等，这些细节总是能反映出一个人真实的样貌。特别是那些想要变得更有气质的女人，平时的谈吐一定要注意优雅、得体。如果不注重个人素养，满嘴粗话或者讲一些低俗的语言，即使你外在的形象再好，也会大打折扣。优雅的谈吐还体现着一个女人的文化修养，同时也是你注重礼貌、礼节的表现。因此，与人交谈时要用优雅的谈吐来赢得他人的好感。那么，在工作和生活中我们应该怎么做，才能让自己的谈吐更为优雅呢？以下七点我们必须遵循。

1. 态度和蔼，平等待人

一个态度和蔼的女人，无论与谁交谈，都会一视同仁。与上级、长辈交谈不会阿谀奉承、低声下气；和下级、晚辈交谈，也不会居高临下。即使与对自己有利的客户交谈时，也应大方得体，表情自然，不能夸夸其谈，胡乱恭维对方。

2. 多使用文雅的语言交谈

在日常生活中，我们应该多使用雅语，不仅能体现出一个人的文化素养，也是尊重他人的表现。比如你端茶招待客人时，要说"请您用茶"。参加朋友聚餐时，如果你比他人先走，要记得告诉他们"我有事先走了，请大家慢慢用餐"。语言是连接人与人之间的纽带，纽带质量的好坏，直接决定了你的人际关系是否和谐。只要你的言行举止彬彬有礼，别人自然会对你留下很好的印象。

3. 交谈不能以自我为中心

优雅的女人不会在社交场合滔滔不绝，一味地炫耀自己而忽视他人。与人交谈是为了说明一些事情，你不能支配整个谈话的过程，那其实是深层自卑的外在表现。说话的时候，应随时注意对方的反应，观察对方的表情，以判断其对谈话的关注程度。一旦发现对方对你们的话题不感兴趣，应立即换成令他（她）感兴趣的话题。另外，自己谈论话题的同时，要留给别人讲话的机会，可用提问的方式让对方思索并发表见解。别人也会从你的言谈中，看出你是一个有思想、有辨别能力的人。

4. 不要谈论低俗的话题

在与人交谈中，尽量避免谈论涉及对方隐私，或者避讳的内容。一些低俗的话题，虽然会惹人发笑，但是会使人感到你格调低下，甚至还会冒犯到对方。日常生活中更不要使用粗俗或不雅的口头语骂人，这不是一个有教养的女人应有的表现。

5. 说话的举止要优雅

在交谈时，需要正视对方，神态既自然又专注，要使对方感到你尊重他。善于聆听对方说话，切忌东张西望、似听非听，更不能轻易打断别人，或者不时地看着钟表，这是极不礼貌的行为，严重的话还会破坏谈话的气氛。还有，要形容一件事时，动作不宜太夸张，更不能用手指着对方讲话。想要成为一个举止优雅的女人，就要在日常生活中有意识地调整、训练自己的言谈举止，不断提高自己的文化素养，从而成为交际场合中的强者。

6.不要轻易与人争论

优雅的女人要尽可能地避免和别人针锋相对，如果谈论的事情没有违反原则，那就没有必要去反驳和争论了，争论不会产生赢家，反驳也不会赢得友谊。人际关系不是比赛，即使你赢了也不见得有多少好处。当然，这不意味着在职场中，我们对需要表态的问题唯唯诺诺、言听计从。还有，当你面对服务行业去争取自己的正当权益时，请运用委婉的语言技巧和礼貌的方式去纠正别人的错误。

7.声音要柔美，切忌声调太高

女人温柔的声音是人类最美妙、最动听的声音之一。有修养的女性不会高声说话，更不会出现泼妇式的吵闹，特别是在公共场合，一定要顾及别人的感受，不能大声喧哗，否则就会引人侧目。女人的声音就该温柔而充满磁性，那样才能极富个人的魅力。

如果一个女人只懂得穿衣打扮，而不懂得如何让自己的谈吐变得更优雅，就难免会落得徒有其表的下场。就如有些女人虽然长得很漂亮，可是说起话来乏味、粗俗和无知，那么她就只能与气质无缘了。语言素质需要拥有丰富的内涵和良好的心理素质，现代女性应该知性、勇敢地去表达自己的思想和情感，让成熟睿智的自己通过优雅的语言去征服整个世界。

扮演好人生的各种角色

　　在现代社会，很多女性已经完全走出了家庭，不再是专业的家庭主妇。她们在各个领域都发挥着至关重要的作用，涌现出一批出类拔萃的佳人。但是，她们往往要同时扮演职员、女儿、妻子、母亲等多个角色，每天都像陀螺一样不停地旋转。或许她们也试图让自己慢下来，也试图在自己的多个角色中找到一个从容的平衡点，然而，她们还是摇摇晃晃地无法找到，结果常常被焦虑的情绪所困扰。一方面，她们要像男人一样投身于竞争激烈的职场中；另一方面，她们还要顾及家庭的琐事，付出很多的时间和努力。这种无形的压力常常压得她们喘不过气来，有些女人为此心力交瘁，容颜尽失，甚至还出现未老先衰的症状。因此，一个不懂得自我调节的女人，后果是很可怕的。

　　首先，我们要做的就是管理好自己的时间。多数女性都抱怨时间不够用，其实是不会管理时间，我们得先学会把时间安排在最重要的事上，如此才能够掌控好时间。比如，我们早上七点起床，化一个简单的妆，八点钟踩着点匆忙到达单位。打开电脑，开始一天的工作，忙碌的时候也要记得多喝水，不太忙的时候还可以和朋友或者同学用 QQ 交流。中午的时间用来好好休息，才有精力继续下午的工作。快要到下班的时候，就要安排好晚上的活动：是做美容、回家还是和朋友吃饭。从晚饭后到睡觉的这个时间段还有三个小时，与其用来看剧集和网络小说，还不如用来阅览专业书籍或者进行你的业余爱好。未婚女子除了和男朋友约会以外，其实还可以做些更有意义的事情，因为爱情从来都不是人生的全部，在这个世界上，还有更多的事情需要你一个人去面对。知识需要日积月累，想要自己更有能力，就要靠你的努力。那些在职场上成功的女性，她们都是经过生活的锻炼、社会的洗礼，才知道该如何游走于社会的每个角落的。而已婚女子的时间相对没那么充裕，她们要负责家务事，要照顾孩子，但是也完全可以抽出两个小时的时间用来做自己喜欢的事情。每个星期的周末有两天休息，至少要抽一天时间回家陪陪父母，要记住他们抚育你长大并不容易。

其次，就是要调整好自我的心态。在职场中，虽然你的工作完成得很好，做的事情也不比男同事少，可是升职加薪的好事总是先考虑男同事，但你没必要抱怨老板对待男女职工的不公平，因为他会考虑女职工的生存状态，未来要怀孕生子，是没有办法全身心投入到工作中去的。其实，只要把自己该做的工作做好，并始终如一地努力，就一定能找到自己人生的定位，以获得更好的前途。在生活中，我们也会遇到许多挫折和烦恼，不能始终抱着消极的情绪，要积极努力地去克服所有的困难。不过，凡事不能期望过高，当我们期望过高而不能达到目标的时候，会形成很大的落差，最明智的方法就是不与人攀比，当我们攀比的人越来越多的时候，就越会发现自身的不足，这样日积月累，欲望的羁绊难免就会让人陷入难耐的煎熬中。人生最大的智慧其实就是懂得放弃，只有放下那些无谓的负担，我们才能一路坦然前行。在这充满得失的世上，人生本就是一个不断得而复失的过程，既然如此，我们就无须不停地徘徊，更不必苦苦地挣扎，不如坦然面对，从容地经历一切。

再次，我们要有自己的精神寄托。人如果没有精神寄托，就会没有明确的目标，没有发自内心的欢笑。每天按部就班地生活，令很多女性陷入了迷茫，她们不禁在心中自问：这就是我想要的生活吗？生命的意义到底在哪里？你要知道，意义不是先天的赋予，也并非与生俱来的，而是后天建立的。人来到世上，不应该只是为了成家立业、生儿育女，即使你荣华富贵、子孙兴旺，也照样逃脱不了赤身而来、空空而去的结局。因此，我们需要精神寄托来填补自己内心深处的空虚感。将精神依赖于某种事物上，可以使人增加动力的来源。当我们结束了天真幼稚的童年时光，经过血气方刚的青年时代，所向往的婚姻也随着时间的流逝而褪色，儿女的迅速成长也只不过是加快了他们离开自己的步伐。这时，如果我们的头脑中有一个明确的目标，那么就会有活着的价值及意义了。

最后，还要适应每个角色的转换。女人为了实现经济独立，需要有自己的一份事业。在如今这个迅猛发展的信息时代，无论你是公司职员、中层干部还是女总裁，都要及时掌握最新资讯，不断给自己"充电"，你的未来才能达到更高的层次。在工作中，要忘记自己是娇弱的女子，时常增强你的业务水平及办事能力，如此才能在男性称霸的职场上占有一席之地。在父母面前，你终于可以做回最真实的自己，即使你撒娇或者闹情绪，他们都会无私地包容你。但是，我们不能把工作中的负面情绪发泄到他们身上，而伤害最爱你的人。有空的时候还要带着父母去旅行，让他们享受天伦之乐。当你与你的另一半走入婚姻殿堂的时候，你的人生就步入了一个新的阶段。今后与你共同生活的这个男人，或许不一定能像父母一样包容你、迁就你，你们需要彼此磨合，接受对方的缺点，才能幸福美满地生活下去。但是，婚姻也是一场华丽的冒险，新鲜感的缺失、生活的乏味以及来自各方面的压力都会使它的色彩暗淡下来，你们要经得起流年的平淡，多一点包容、理解与体贴，你们的生活才会收获爱的阳光与雨露。为人妻需要懂得的方方面面还有很多，你可以在日常生活中慢慢摸索，但是当你的孩子来到这个世上，就容不得你再缓慢地学习了。当你的孩子脱离母体的那一刻，你就必须肩负起一个母亲的责任了。孩子在成长的过程中，你会遇到许许多多麻烦的琐事，这时都要靠你多一点耐心和毅力去解决所有的问题。要培育一个优秀的孩子并不容易，因此，想要成为一个好母亲就必须以身作则、言出必行，因为你的一举一动都在潜移默化地影响着孩子。

其实，在这个世界上，根本就没有完美无缺的女人。那些事业心较重的女性，会被人说不顾及家庭，没有尽到应有的责任；而全心全意为家庭服务的女性，又会被指责工作不投入，在事业上难以有更好的升职空间。其实，一个人即使做得再好，也总有不尽如人意的地方，但只要问心无愧即可。生活也不可能完美无缺，但正因为有了这些残缺，我们才有机会为了自己的梦想而努力，成就一个更完整的自我。因此，想要做一个优雅的女人，就不能对自己要求太高，苛求完美只会让完美离我们更远；也不必在意别人对你的评论，你只要做最好的自己便已足够。

具有幽默感的女人惹人爱

在社交场合中，一个面容姣好、穿着得体、风趣幽默的女人，无疑是最吸引人的。她妙语连珠、谈笑风生，总是能在三言两语中就把幽默的元素展现得淋漓尽致，从而得到别人的赞赏。幽默往往也是有文化、有修养的一种表现，它是女人的秘密武器，总能把快乐传递给她身边的每一个人，使她走到哪里都光彩照人。富有幽默感的女人一定有着阳光般的心态，面对人生的挫折，她绝不会郁郁寡欢，而是一笑而过。这样的女人懂得生活，深谙风趣之道，知道用什么方式去化解难题，知道面带微笑放松自己的心情。

一个女人如果没有幽默的智慧，不懂得自我解嘲，心事就会永远郁结于心，一生都得不到快乐。这个世界上总会有一些善妒的人，优秀的你难免会遭到恶语相向，这时，如果来一段俏皮的幽默话，勇敢地自嘲几句，也不失为一种很好的反击方式。

在家庭里，当出现不可调和的矛盾时，洒脱的幽默还可以使窘迫的场面在笑语中消失。我的朋友若琳就是一个会运用幽默，让夫妻关系变得更和谐的女人。有一次，她和自己的先生因为家务事吵了起来，由于双方都是独生子女，在家里又都是恃宠而骄，所以彼此谁都不肯让步。若琳抱怨自己要努力上班，又被家务缠身，而丈夫却总是在外面应酬，很少做家务，她觉得这样的生活很累。她的先生也有自己的委屈。为了更好的前途，他必须要去陪领导、陪客户，于是责怪若琳为什么不能理解他。后来两个人越吵越凶，若琳一气之下，就跑去房间里收拾自己的东西，佯装要回娘家几天。她的先生竟也不理睬，只是在一旁生闷气。若琳收拾完行李后，气势汹汹地向他要回娘家的路费，她的先生便从皮夹里掏出 30 元钱递给她。若琳拿着钱，突然又说道："我回来的路费你不给报销啊？"她的先生听了，立即开怀大笑，还承诺日后只要他有空，就会替若琳分担一些家务。若琳以如此幽默的方式轻易化解了夫妻之间的矛盾，还及时消除了情感危机，实在是明智之举。如果当时若琳在她先生心情恶劣的情况下，再使用刺激性的语言无疑是火上浇油，说不定两个人最后还会分道扬镳。其实，有很多青年男女所组成的家庭，都会出现类似若琳夫妻的这种情况，他们大多以自我为中心，不懂得互相迁就，使得婚姻中矛盾日益突出，甚至面临破碎的局面。女人若想拥有和睦融洽的婚姻关系，就要学会容忍和迁就，运用适当的幽默，那么所有的问题往往就会迎刃而解了。沧桑岁月损耗的不仅是容颜，还有激情，如果在柴米油盐的琐碎里"相看两不厌"，纵然面对白发与皱纹，依旧怦然心动，让彼此感到有乐趣才是关键。面对无聊乏味的伴侣，毫无疑问，将不可避免地把生活推向庸俗与索然。

　　但也有些女人对幽默却持不同的态度。她们认为那些幽默的女子轻浮，并且不够矜持，甚至还觉得自己高人一等。其实她们不知，一个没有幽默感的女人，就像一朵没有香味的花，缺少了灵性，生活也会过得平淡而乏味。具有幽默感的女人绝不会让自己处于一种怨天尤人的氛围中，她们只会用幽默来调剂自己的生活，使生活更加多姿多彩。因此，那些性格内向、做事过于呆板的女人，要学会欣赏别人的幽默，在社交过程中尽量让自己显得洒脱、活泼，并想办法使言谈变得机智与诙谐。当然，刚开始尝试时肯定会有些不太适应，但只要你肯坦率、豁达地在与朋友的交往中不断练习，就会使自己的表情变得自然，并将幽默的轻松气息感染到身边的每一个人。

很多人都喜欢和有趣的人在一起，特别是有趣的女人，她常常让人们觉得睿智、幽默——通俗来说就是可爱的人。与可爱的女人交往，仿佛一扇新世界的大门被打开，不同的视角、独特的想法、新奇的灵感源源而来，会让你的生活迸发出奇妙的火花。女人若是想扩大自己的社交圈，提高自己的交际能力，就尽量让自己变得随性、洒脱、直率而幽默。

不过，幽默不是与生俱来的，它是一种成人的智慧，具有很强的穿透力。想要成为一个幽默的女人不仅需要掌握好分寸，还要懂得方法。首先，你必须要有积极乐观的生活态度，一个满面愁容或神情抑郁的女人，是不可能真正地发挥幽默的魅力的，因为如果你做事消极，对待事物没有任何兴趣，幽默也无从谈起。其次，你要有一定的文化知识的积累，对待事物有自己的见解，并能从幽默的角度来解读每一件事情。一个女人要想培养幽默感，就得多向那些诙谐、风趣的人学习开玩笑的方法，他们非常注意有趣的事物，懂得开玩笑的场合，善于因人、因事而开不同的玩笑。再次，幽默感要有所节制，并且要注意尺度。对于女士来说，一旦玩笑开过了头，就可能会被对方误解为嘲讽，给人留下不礼貌的印象。我们更不能为了惹人发笑，就把欢乐建立在挖苦别人身上，否则这样的女人只能说是愚蠢和刻薄了。最后，就是要培养敏锐的洞察力了。在日常生活中，你要善于观察，迅速抓到事情的本质，进行恰当诙谐的比喻，才能让人产生轻松的感觉。还有，学会机智敏捷地指出别人的优、缺点，领会幽默的真正含义，这样才能从生活中汲取幽默的养料。

幽默是一种艺术，是一种技巧，更是一种态度，因为它能给我们平淡的生活增加一些情趣，使你的人生绚丽多姿。一个善于表达幽默的女人，不仅惹人喜爱，还能显示出满满的自信。信心有时也许比能力更重要，生活的艰难曲折，往往是因为人们丧失自信、放弃目标所致，若你能幽默地对待生活的种种挫折，就能够重新扬起希望的风帆了。

淡定方能拥有优雅

　　在物欲横流的社会，有太多女人陷入攀比、贪婪、躁动的境地，因此，她们不断向生活索取，若是得不到，就心理失衡，继而抱怨，甚至成为一个歇斯底里的女人。确实，来自工作的压力、家庭的担忧和生活的焦虑会让人心躁动，如果你没有强大的内心，是很难使自己安宁的，我们谁都不愿意面对全面崩盘的人生。

　　那么，如何才能使自己内心变得强大，以适应这个千变万化的社会呢？我觉得最重要的就是学会淡定。一个优雅的女人，她必然是淡定的，她不会因同事额外加薪而感到不公，也不会因朋友买了豪车而妒忌，她只会对生活感到满足，让自己永远生活在怡然自得中。我很喜欢白落梅的一句话：真正的平静，不是避开车马喧嚣，而是在内心修篱种菊。"修篱"指的是我们要阻挡贪婪、欲望、妒忌等种种诱惑的骚扰；"种菊"则指的是要培养我们内心的恬静、淡然和平和。

　　著名影星刘嘉玲明艳动人、性格爽朗，给人一种优雅、大气之感。她善于交际，在娱乐圈有很多的朋友。站在镁光灯前的她，脸上总是洋溢着从容淡定的笑容，呈现出历尽沧桑却依然随遇而安的美丽。相信很多人都曾听闻，刘嘉玲二十多年前被人挟持的事件。此事在 2002 年曝光，但她表现得坚强、淡定，赢得了社会的赞赏与同情。她与梁朝伟从相恋到结婚，两个人共同走过几十年风风雨雨。其间数度传出他们感情告急，直到不久前，有关两个人婚变的传言还依然不断。面对媒体的追问，刘嘉玲始终保持淡定，直言"两个人的感情自己知道就好"。我很欣赏她凡事顺其自然、随遇而安，面对突如其来的逆境，也能保持淡然的心态。这里的淡然，指的是一种心态、一种涵养、一种境界。但是，"淡然"不是不在乎，而是世事洞明、沉稳果断，以及宠辱不惊。

淡定的女人活在当下，把握当下，她会把握生命中的每一刻，享受属于自己的精彩。每个人对精彩的定位不同，幸福也就不同，幸福只在自己心里，幸福不是等你富有了才会来，而是生活在当下的快乐。懂得淡定的女人会觉得幸福很简单。母亲捧来的一杯热茶、朋友的一声问候、男朋友送的一束鲜花，都能让她幸福好久。女人都要拥有一颗快乐的心，快乐从心开始，最简单的快乐就是来自心态的知足。这个世界上没有被物质满足到欢愉的灵魂，因为物质无止境，折磨就无止境。所以，最盛大的富有，便是内心的知足。

淡定的女人都是充满智慧的。她不会默默地等待幸福降临，而是主动去追求自己想要的东西，并努力为自己创造快乐的生活。她清楚地认识到理想和现实之间的差距，所以不会好高骛远，也不会盲目攀比。她只追求属于自己的幸福，简单而快乐，"不以物喜，不以己悲"则是她的人生信条。在任何时候，她都不会去预支明天的烦恼，不会抱怨命运的不公，而是让自己每一天都在欢笑中度过。

淡定的女人不会在爱情中迷失自我，爱的时候会深爱，不爱的时候也会果断离开。她不会对已经变心的男人死缠烂打，也不会悲伤绝望，因为她知道还有更优秀的男人在未来的路上等着她。在恋爱中，她渴望的是一份默默的情感，不需要花言巧语的承诺，只要发自内心的关怀；不需要火红的玫瑰，只须在她疲惫时送上一个温暖的拥抱。她内心坚信，女人的幸福不在于火热的浪漫，而在于简单的温情。在婚姻中，她并不苛求完美，知道爱是一条绳索拴住彼此的心，也知道该给对方多大的空间保证彼此的自由。她去除猜忌，不作茧自缚，并知道什么时候该清醒，什么时候该糊涂。尊重是幸福婚姻的密码，放弃猜疑，是给爱人一份信任。她清楚地知道，吵架只会弄得两败俱伤，宽恕也是一种爱的方式，善待婚姻不要舍本逐末，能平淡地厮守就是幸福。

淡定的女人对工作认真努力，方方面面都会尽力做到最好。她对上司不会唯唯诺诺，对下属也不会挑剔万分，她视功名利禄为过眼云烟，冷眼旁观钩心斗角，因为她看淡得失，知道人生更重要的是要随缘。面对繁多的工作任务，她会克服内心的浮躁，不急于求成，踏踏实实地做好每一件事。她深知，只有一步一个脚印，才能不断迈向成功。

淡定的女人对人生宽容，绝不苛求。她会感谢挫折，因为明白困境并不等于绝境，苦难其实也是人生的一笔财富；她在磨难中选择坚强，深信经历过风雨必能见到彩虹。淡定的女人自有一份坚强和韧性，无论遇到多大的困难和挫折，她都能够从容面对，并告诫自己要重新振作起来。虽然她也曾流泪，但是哭过以后就会鼓起勇气继续往前走。她还知道什么是该忘记的，什么是不该忘记的，所以，总能轻松自如地驾驭生活。

但是，淡定绝不是平庸，而是对名利的淡然，是对爱恨情仇的超脱，是对世态人情的看破。平庸的女人只能平凡地生活着，可淡定的女人却有着较高的修养，她的内心总是一派处事不惊、安详宁静的意境。其实，她有能力争取自己想要的一切，却不会把一切看得太重。因为她知道，人生要耐得住寂寞，成功是时间和耐心的融合，有等待才会有收获。淡定还会让你学会放下，一切顺其自然才能淡泊明志、宁静致远。失去了就要学着放下，解脱就在放手的一瞬间。放下，会在刹那间花开。只有懂得放下，释放行囊中的痛苦，放下仇恨的包袱，忘记生命中不必要的烦恼，才能体会到人生中的幸福。

时光荏苒，世事纷扰，虽然淡定的女人终日被琐事牵累，岁月也终将她的青丝染成白发，但是她只会变得更宽容、更自信，呈现出一种历尽沧桑却依然随遇而安的美丽。淡定是一种积极的生活态度，是智慧的象征，也是对美好生活的一种追求。人生只有一次，淡定的女人会摒弃无谓的烦恼和杂念，在思索中体悟人生的真谛。她们不被情绪所左右，用平常心看待生活，知道生气是一种慢性毒药，绝不让自己陷入郁郁寡欢的状态；她们笑对人生的起起落落，不与人攀比徒增烦恼，明白随遇而安是人生的一种境界。当然，想做个淡定的女人，也并非一件易事，必须要控制情绪和克制欲念，这是一个漫长的修炼与积累的过程。只要不断地学习和补充，相信每一个女人都能提高自己的修养，并优雅地行走在蜿蜒曲折的人生旅途中。

注重礼仪，让你仪态万千

若要衡量一个女人是否有修养，光靠谈吐不凡是不够的，还要举止优雅，注重礼仪。你的行为举止能反映出你的内在品质，特别是在社交场合中，具备良好的礼仪是一个人思想道德水平、文化修养、交际能力的外在表现，还能赢得别人的好感，留下深刻的印象。

我国古代著名的教育家荀子就曾说过："礼者，敬人也。"这句古训告诉我们，在人际交往中，必须具备基本的礼仪素养，万不可失敬于人。礼仪是女人行为举止的规范与准则，是体现女人修养的一种外在表现。它是一门学问，虽然不算深奥，却也不容忽视。善于发现和运用礼仪的女人，无疑会让自己魅力四射、脱颖而出。礼仪是女人立足社会、展现魅力的重要资本，它不仅会帮助你赢得他人的喜爱，还会让你在交际中变得更为畅达。而一个女人的礼仪常常影响着他人对她的评价，一个有礼貌、有教养的女人总是有着相应的良好品质和人格。

礼仪，从内容上看有仪表、仪态、语言、待人接物；从对象上看有公共场合礼仪、职场礼仪、待客礼仪、用餐礼仪。它在人际交往过程中称为礼节，在言语动作上称为礼貌，是人们在相互交往中逐渐形成的一种传统风俗习惯。女人的美丽是一种整体感受，即使你拥有美艳绝伦的容貌、玲珑有致的身材，却配上一副萎靡不振的姿势和粗鲁无礼的举止，那么，美丽根本无从谈起。一个美丽又有气质的女人，更应该注重礼仪，从而改善自己的人际关系，增进自己的吸引力。那么，我们就来看一下优雅的女人该具备哪些礼仪吧。

1.仪表

仪表，代表着一个人的总体外在形象。首先，要注意个人的卫生，头发一定要勤洗，衣服也要常换，时刻让自己显得清爽、干净；其次，过浓的妆、过长的假睫毛、怪异的指甲油、浓重的眼影都会给人造成不适的感觉；最后，就是穿着要得体，它应该与自己的身份、职业、年龄相搭配。选择一套适合自己形象的服装，远比华丽却不适合自己的礼服更光彩照人。美好的仪表能让一个女人显得容光焕发、风姿绰约；相反，如果蓬头垢面，穿着不当，就会严重损坏你的形象。

2.仪态

仪态也是外在形象很重要的一个环节，正确的仪态不仅让你备感自信，还给人一种端庄稳重的感觉。①得体的站姿：站立时一定要挺，不能驼背，必须抬头挺胸收腹，但是切记别把头仰上天，胸也不能太挺，正确的姿势应该是双肩向后靠的同时也把腹部收起来。不管在哪个场合，只要你长久保持这种站姿，自然会养成一种良好的习惯。如果你觉得很难站成这种效果，那就让后脑勺、双肩、臀部、脚跟紧贴着墙面，两手垂直放下，双脚并拢站立半个小时练习得体的站姿，关键是要持之以恒。②得体的坐姿：坐下时一定要雅，上身要挺直，两肩放松，下巴向内收，臀部只坐椅子的三分之一，双膝并拢向右侧摆放，两手交叠放在自己腿上。切记两腿不能开叉，脚也不能放在椅子上，特别是穿短裙的女士，如果出现这类坐姿会很不雅观。③得体的走姿：走路时一定要稳，不要总是低头看自己的鞋，必须目视前方。走路要走出自己的气势，做到目不斜视，不要急步流星，更不可鹅行鸭步。走路的步态美与不美，是由步度决定的，步度的标准则是一脚踢出落地后，脚跟离另一只脚尖的距离恰好等于自己的脚长。闲暇之时，多看看T台模特的走秀，虽然不需要学习她们的猫步，但至少要像她们一样走得优雅大方。如果你也想模仿模特走路时臀部扭动的万种风情，就不能让上身也跟着动起来，这样会显得轻浮，只需要两手垂直，跟随着身体轻柔的步伐，自然地摆动即可。

3. 语言

语言是社会交际的工具，也反映了一个人的文化素养。在人际关系中，学会运用恰当的语言，能流露出你的学问、修养与才智，还能为你增添一抹动人的气质。①与人说话时，嗓音不能太大，语气要尽量显得亲切、柔和，并且面带笑容，这样会使对方感到轻松，也能令谈话的气氛变得融洽。②说话要保持基本的礼貌，在必要时说"请"和"谢谢"，这是对他人表示尊敬的一种方式。此外，每当你不小心撞到他人，或是必须离开某个社交场合时，需要说"抱歉"。总之，面对不同的对象和场合，要懂得灵活运用敬语、谦语和雅语。③在社交场合中，女性说话不宜过多，也不能肆意地大笑，特别是面对初次见面的人，适当地用优雅的语言来表达思想，会收到意想不到的效果。④当别人获得巨大成就，或者做了值得称赞的事时，要真心诚意地给予祝贺，即使是面对在竞赛或者选举中打败你的人，也要有风度地恭喜他。

4.待人接物

所谓的待人接物，其实指的就是日常生活中与人交往的礼仪。当你与他人在公共场合交往时，应尽量避免使用手机，因为这暗示着你更愿意待在别处做其他事情，而不是喜欢和你身边的人待在一起。除非是紧急状况或重要的海外电话，否则请不要在早上八点以前及晚上九点以后给别人打电话。打电话最好不要超过一个小时，以免浪费他人的时间，并造成困扰。参加各种活动时，记得要准时到达，去得太早会因主人未准备完毕而造成难堪；去得太晚会让主人和客人久等而失礼。在大众聚集的场合，不能高声喧哗和谈论粗俗的话题，与别人进行交谈时，要注意掌握距离，不宜靠得太近，但也不可离得过远。当你因为身体的不适，打嗝或者咳嗽时，请说"抱歉"，但切忌嘲笑别人打嗝，因为那是一种很失礼的行为。

5.公共场合礼仪

在公共场合，虽然面对的都是陌生人，但是你仍然要保持良好的形象，要明白什么应该做，什么不应该做，这不仅体现了你自身的修养与素质，也是对别人的尊重和礼遇。①当你坐在拥挤的地铁或公共汽车上时，应该给老年人、孕妇、小孩让座；接听电话时声音要轻，避免大声随意聊天；也不要在车内吃东西以及乱扔垃圾。②驾驶时要遵守行车礼仪，遇到过斑马线的行人应停车，并尽量为骑自行车的人保留宽敞的空间，因为你有责任确保每个人都安全。行车时，不要紧跟前面的车辆或者拒绝让道，即使你认为附近没有行人，也必须打转向灯。在夜晚行车时，不能对迎面而来的汽车打开刺眼的大灯，以免造成他人的不适。③到外地旅游时，要爱护旅游地区的公共财物，不随意破坏公共建筑、设施和文物古迹，更不能在墙面、柱子等建筑物上乱涂鸦，写下"某人到此一游"或者低俗的脏话，这都是极不文明的行为。④在观看歌舞剧或者电影时，手机应该调至静音的状态。观赏过程中，不能长时间地和同伴交流，要知道你们的窃窃私语也会给后排的观众造成干扰；恰逢有人打电话给你时，要低下头来轻声说话，或者走到一旁再接听电话。

6.职场礼仪

职场礼仪是我们在职业生涯中应当遵循的行为规范，懂得这些行为规范将使你的职业形象大为提升。要知道，你从事的日常工作绝不是琐碎之事，从你接听电话的那一刻起，你就代表了整个公司。假如你在电话里表现出失礼的态度，势必会影响公司在他人心目中的形象，甚至可能会导致公司与客户建立的良好关系破裂。接听公司电话时，应该主动报出公司或部门的名称，如"您好，这里是某某公司，请问您找哪位"，无论对方找的人是谁，都需要用礼貌用语回答。如果要找的人恰巧不在办公室，可以把对方的姓名、公司、回电号码记录下来，并告知那位同事。很多时候，我们会在公司里接待来访的客户，当访客进入办公室时，你应该马上站立，走上前去握手问好。访客讲话时要认真倾听，中途不要做拨打电话之类的事情。把访客带到会客室不能用手示意就了事，要亲自把他引到会客室才是应有的礼仪。带路时，应配合访客的步伐，走在距离对方一米的斜前方，此外，还需回头看看访客是否有跟上自己。将访客带到会客室时，不管里面有没有人都应该先敲门，得到允许以后再进去。其实，不只是会客室，包括进入任何部门的办公室，都应该养成先敲门的良好习惯。

7.待客礼仪

如果你提前知道有客人来访，就应该做好迎客的各种准备，比如搞好居室卫生，备好茶具、饮料，以及水果、点心等。若是客人不期而至，就要尽快整理一下房间和客厅，并对客人表示歉意。客人进屋后，首先请客人落座，然后敬茶、端出点心。在倒茶时，要掌握好茶水的量，常言道要"浅茶满酒"，即将茶水倒入杯中三分之二为佳。端茶也是应注意的礼节，一般应用双手，一手执杯柄，一手托杯底，随之说声"请您用茶"。切忌用手指捏住杯口边缘向客人敬茶，这样既不卫生，也不礼貌。与客人交谈时，应专心致志，不要东张西望，或者频频看表，更不可将客人独自撇在一边，只顾自己看电视。恰逢你有急事要办时，不妨向客人说明情况，让他稍等片刻，并委托家人作陪，或者拿出一些报纸杂志给客人浏览。客人如若带来礼物相赠，主人应表示谢意，或谢绝馈赠，也可以相应地回赠一些礼物。当客人要走时，主人应等客人起身后再相送。对于年长或是有身份的客人，主人应该送到大门口，然后握手道别，目送客人离去。若是要送至电梯口，则要等客人进入电梯，在电梯关门后方可离开。

8.用餐礼仪

吃饭入座，看起来虽是一件小事，但是从这件小事上却可以看出一个人是否懂得社交礼仪。特别是高级饭店的宴请，餐桌入座的位置应有主次之分，主人一般都是面对正门而坐，客人的座位则按身份高低来划分，常规是离主人越近的位置越尊贵。待服务员上菜时，要等主人动筷了才能开始进餐；用餐过程中，要尽量自己添加食物。如遇长辈，应主动给长辈添饭，但不要擅自主张为别人夹菜，以免他人会觉得不卫生。进餐时还要注意细嚼慢咽，不要发出太大的声响。如果喜爱的食物距离还有点远，请不要把手伸过别人面前的盘子，最好礼貌地请求坐在旁边的人给你传递某道菜或调料。敬酒前要充分考虑好敬酒的顺序，分清主次，一般应以宾主身份、职位高低、年龄大小为序。如遇别人为你斟酒，作为女性可以一只手握着酒杯，另一只手扶在杯底，这样会显得比较优雅。

礼仪就像是一套隐形的华服，在不着痕迹之处折射出女人的素质，展现女性的修养。没有哪个女人不希望自己优雅迷人、引人注目，也没有哪个女人不希望自己充满诗意地生活。美好的生活来自于每一个细节，想要成为一个有修养的优雅女人，就需要平时多加关注、多加练习各种礼仪，这样就能让自己更加仪态万千。

第五章

高雅情趣，最耐人寻味的风情

令男人沉醉的女人味

一个有气质的女人不能缺少女人味，因为它会使你美丽而优雅，还令男人向往与沉醉。什么是女人味呢？女人味，是一种由内而外散发的感觉，也许是一个温柔的眼神，也许是一个优雅的姿势，也许是一个浅浅的笑意，也许是一句暖暖的问候，每时每刻都能彰显出你的万种风情。

女人味像是一樽美酒，历久弥香，抿口便醉。无论你是高级白领还是家庭主妇，都可以拥有女人味。不过，拥有女人味并非易事，没有一定的文化底蕴、修养层次、人生阅历，根本无法酝酿出醉人的味道。就连才貌出众的女人也不一定有女人味，因为女人味还来自于女性的活力、独立、温柔、高雅和妩媚。

一个漂亮的女人如果失去活力，就如一朵色彩艳丽的花，却不一定暗香浮动、疏影横斜。化妆品只能造就女人的皮肤，但是精神不足则暗淡无光，有女人味的女人应该在任何时候都会光彩照人、灿烂依然，因为她喜欢健身、热爱生活，并有广泛的兴趣爱好。

具备独立的人格，有独立经济来源的女人极富女人味。她乐于学习谋生的技能，适应社会、家庭、工作及生活带来的各种压力，并拥有一定的经济基础。但是，丰硕的物质并不能堆砌出女人味，很多女人一旦与金钱沾边便失去了优雅，有女人味的女人或许也爱钱，但是绝不庸俗。

温柔是女人特有的武器。有女人味的女子柔情似水，她爱自己，更爱他人。她如秋天的微风，轻拂你的脸庞，以女性特有的情怀，去拥抱整个世界。她的温柔，不仅是女性的娇柔，还散发着母性的光辉。她知冷知热，能理解男人的苦与累，只是几句温情的话语，就能给他疲惫的心灵以妥帖的抚慰。

没有高雅品位的女人，任你如何修炼都只能是浅显和苍白的。女人味也是一股雅味，一种淡定，一种对人生静静追寻的从容。高雅的女人言语恰当，笑容可掬，无论什么场合，她都能很好地展现自己。她的生活还很有品位，在锅碗瓢盆之外，还会把家里布置得浪漫温馨、窗明几净。

女人要做到妩媚动人是最难的，因为它代表了极度的美丽和吸引力。著名诗人朱自清先生就用文字淋漓尽致地诠释了"妩媚"一词，他在文中写道："女人有她温柔的空气，如听箫声，如嗅玫瑰，如水似蜜，如烟似雾，笼罩着我们，她的一举步，一伸腰，一掠发，一转眼，都如蜜在流，水在荡。"

展现女人味，除了拥有内在的品质外，外在形象更要有魅力。而香水，总是会令人联想到性感、妩媚，联想到风姿绰约、风情万种，似乎只有这样才是女人味。因此，充满感性的香水更能烘托出女人独特的味道。

二十多年前，美国有一部很卖座的电影叫作《闻香识女人》，我只记得影片的男主角是一位失明的退休军官，他的脾气暴躁，但是嗅觉却异常灵敏，能细腻地品味出女人身上的香气，甚至能通过对方的香水味识别出其身高、发色乃至眼睛的颜色。可见，一个女人身上的香味是能反映出她外在形象的。想要成为优雅的女人，身上绝对不可以有体味，特别是夏天，难闻的体味会彻底毁了你的美好形象，并让人敬而远之。人们常常会对某种香味刻骨铭心，哪怕是一丝极其微弱的熟悉的味道也会唤起他那段长期被遗忘的记忆。那股味道令他深陷，香味虽无形，但它有时会以一种不可思议的方式与我们交流。香味之所以令人陶醉，是因为它能引起人的情绪波动，所以它是神秘而令人无法抗拒的。

要追溯女人与香味的渊源，应从古代开始。我国文献就有记载，历史上著名的四大美人中的西施和杨贵妃就爱香如迷。西施美艳绝伦，被越国大夫选中献给吴王，吴王知道她喜香，就特意派人为她修建了香水溪、采香径等，两个人每天都在芬芳馥郁的香气中寻欢作乐，尽情享受。关于杨贵妃，文献这样记载：开元二十八年，唐朝第六代皇帝唐玄宗行幸温泉宫，遇一美姬，香气袭人，玄宗为之倾倒，占为己有，封为贵妃，此人就是杨玉环。李白曾被召写《清平乐》诗，诗中"一枝红艳露凝香""沉香亭北倚栏杆"，就是赞颂杨玉环满身溢香的。据说在清朝的乾隆时代，就有一位天生就拥有香气的奇女子，她身上的香味自内而外散发出来，靠近便觉香气袭人。她就是闻名遐迩的香妃，在乾隆的宠爱下颠倒众生。因此，女人身上拥有香味，是长久吸引一个男人的魅力所在。

但我们不是香妃，不能天生拥有香气，却可以使用香水令自己更有魅力，只是你所选用的香水一定要与你的个性、体形、年龄、职业相符合。例如，体形较为丰满的女性适合味道淡雅、清新的香水；体形较为消瘦的女性则适合甜香型气味的香水。如果你想表达出你的个性，那就选用复合花香型香水，仿佛带着爱的火花，浪漫而持久；如果你想表达出自信，那你就选用充满活力的淡香水，十足时尚的香气，蕴藏着性感的魅力，自然地散发自主女性与生俱有的自信和独立的精神；如果你想表达你的知性，那就选择果香型香水，它是晨曦柔美的光辉，带来蓬勃的朝气，使你充满活力、希望和生气；如果你想表现小清新，就选用轻盈明亮的花香型香水，满溢着振奋的能量，令你勇往直前，勇敢追寻，邂逅属于你的幸运。

使用香水还有很多讲究，比如要注意选用香水的浓淡程度与季节是否相适应。夏季，适宜使用淡雅清新的香水，例如柑橘调、清澈花香、清新果香等，这样的香水轻盈舒畅，没有压迫感，仿佛为炎热的夏季带来一缕清风凉意。冬季，适宜选择温暖馥郁的香调，例如东方香、木香、西普等丰富的香调，香气的饱满与簇拥感为寒冷的冬天带来融融暖意，让心情随之晴朗和温馨。

一瓶香水的气味分为前调、中调、后调，这几种香味会混合个人肌肤产生综合味道。但是，要注意香水不要喷在浅色衣物上，会容易留下痕迹，也不要喷在被阳光直射到的皮肤处，容易导致皮肤长斑。香水喷洒时可以喷在动脉部位，例如手腕，耳后，脖颈处，这样更有利于香气的散发。香水是很感性的，若是懂得在不同的场合正确地使用香水，更能彰显出你的品位。下面就让我们来看看该如何用香吧。

1.办公环境

在职场中，适宜选择平和、清淡、稳重、亲和的香水，避免使用过于浓郁的香水，否则会给你周围的同事造成不适感。尤其是面试时，与面试官在封闭的空间里独处，用香最好以保守为主，切忌咄咄逼人。若是干净利落的女性，还可选用清新简约的中性香水。

2. KTV 场所

这类场所你可以大胆张扬个性，选用香气浓郁的香水，为自己增添魅力和吸引力。在烟雾缭绕、光影交错的包厢内，柔滑的麝香能尽情凸显的时尚与性感。

3. 交际聚会

这种场合的气氛类似于商务场合，却没有太多拘束，所以选择香水的自由度很高，但最好不要用太具有侵略性的。含有薰衣草香气的香水会降低人们对你的警惕性，同时也能很好地安抚自己躁动的情绪；薄荷气味的香水则给人一种精神清爽的感觉。

时尚达人香奈儿就曾经说过："一个不喷香水的女人是没有未来的。"她用简单却坚定的话语，提醒我们要在追求美丽的路上永不止步。可以说，女人用什么样的香水，甚至比服饰更能代表女人的品位，随着岁月的增长，这种品位还会越来越精致。因此，选用适合自己的香水，一定会使你更具女人味。

小资女人的浪漫情调

　　有些人对小资女人会有所误解，认为那是一群只会追求物质享受，颓废、高冷、虚伪的女人。但其实，想要成为一个真正的小资女人，必须具备一定的水准。即使你家财万贯，有权有势，却没有素养以及浪漫的小资情调，也不能称之为小资女人。我眼中的小资女人，她们优雅、博学、衣着讲究，喜欢法国电影和阅读文学书籍，喜欢古典、爵士音乐，还喜欢用卡布奇诺咖啡、法国红酒、香水百合等元素点缀生活。她们习惯低调说话，却喜欢张扬生活；她们住在城市最繁华的地段，却向往远离钢筋水泥的世外桃源；她们叛逆了世俗，却是城市里最清幽的花朵。她们的生活方式，也因为别样生趣而形成一种小资情调。这种情调，其实就是一种固执与狂热，边缘与非主流，忧郁与含蓄的微妙关系，并以此来标榜她们的与众不同。她们可以是穿梭在都市中的白领丽人，可以是站在月光下的忧郁女诗人，也可以是端坐在咖啡厅里的贵妇人。

　　小资女人们并不是一线品牌的狂热者，她们有自己的挑选服饰的标准，也是选择一切生活用品的通用标准，既要跃升于大众之上，又俨然与暴富分子划清界限，限于经济基础，又无力追逐超一流的品牌。不过，这也正是小资女人的聪明之处，让人们不仅仅注重她们的外表，还注重她们的气质和内涵。她们注重格调和自身生存方式，酷爱音乐是她们的共性，内心深处都向往着柏拉图式的爱情。她们工作，不是为了赚钱，而是为了充实自己的生活；她们唱歌，不管是否有人听，而是为了内心的需要；她们写作，不在意别人是否关注，而是为了发泄自己的情感。她们我行我素，始终坚持自己一贯的生活作风，因此有时候会显得欠缺社会责任感和进取心。但无论如何，身为小资的她们，不会拼力追赶在时尚的前沿，却往往不甘落后地制造属于自己的时尚美感。她们喜欢红酒胜过香槟，喜欢咖啡厅胜过游乐场，她们常常会因为喜欢，或者愿意，而不惜代价地换取自己想要的一切东西。这或许看起来有些荒谬和不可理喻，但这恰恰就成为情调的代名词，彰显着属于自己格调的气息。

　　从民国时期至今，有几位典型的小资女性代表人物，或许我们可以从她们身上学到一些小资女人的浪漫情调。

　　1. 民国才女——张爱玲

　　她出身贵族，祖上是赫赫有名的李鸿章和张佩纶，这使得豪门之后的张爱玲天生具有一股高冷的气质。老照片里的她，双手叉腰，头颅高昂，眉眼上扬，虽非艳压群芳，却也算得上是个美人。她十二岁时，赚到人生中第一笔稿费，旋即就去买了一只小号的丹琪唇膏。爱美的她，从此一发不可收拾。张爱玲笔下的女人都喜欢穿着绚丽多彩的旗袍，因为她本人也热衷于旗袍，一生拥有无数件华丽的旗袍。上海这座摩登与传统并存、东方与西方文化互相渗透的城市，赐予了她与生俱来的艺术天赋。她对美的痴迷，超于常人，似乎全身毛孔都在呼吸着美感。在香港念书之时，她就曾将奖学金全数拿去买衣料做衣服，并且乐此不疲。她独创了很多穿法，譬如在旗袍外边罩上清装短袄；在旗袍外穿一件网眼白绒线衫；甚至还用旧被子做成一件衣裳，却别有一番风情。她与胡兰成热恋时，还穿着能闻得见香气的桃红色旗袍，刺目的玫瑰红上印着粉红花朵，衬着嫩绿的叶子，脚下搭配的则是一双绣着双凤的绣花鞋。

张爱玲对气味、声音、颜色的感触极其敏锐，从她绚烂陆离的文字中便可看出，一不留神就会随着那些色彩流动，形成一幅美丽的风景。她在书中写道："她到了窗前，揭开了那边上缀有小绒球的墨绿洋式窗帘，季泽正在弄堂里往外走，长衫搭在臂上，晴天的风像一群白鸽子钻进他的纺绸褂里去，哪儿都钻到了，飘飘拍着翅子。"这段描写很细腻，却透着一股苍凉，就如《半生缘》里曼桢与世钧重逢时的那句：我们再也回不去了。仿佛在诉说张爱玲自己与胡兰成那场无疾而终的恋情。她的作品是现代文坛的一个异数，叙述着大上海一个世纪的喧嚣和华丽。但是，它们却与政治和民族无关，在爱情与正义之间，她选择了爱情。很多人都不能理解她，因此她只能选择孤高而隔离于世。只是，她的孤高是建立在她对生命的悲观判断、对人世的清透认识之上的。孤高，不过是她的一种生活方式而已。

2.民国名媛——陆小曼

陆小曼的父亲陆定曾任民国时财政部的赋税司司长。她天资聪颖，勤奋好学，18岁就精通英、法两国语言，还能弹钢琴，特长是绘油画。这样的女子，无疑是出众的，她就像一朵含苞欲放的玫瑰，有着令人无法抗拒的魅力。在那个年代，她奉父母之命与警察局局长王赓结婚，嫁给了一个她并不爱的男人，两个人在性情和爱好方面有着很大的差异，当蜜月的激情渐渐平息，她更是发现自己越来越不快乐了。直到遇到了徐志摩，灰心度日的陆小曼才看到了生活的曙光，就此，一段惊天动地的爱情便拉开了序幕。一个风度翩翩的浪漫诗人，更易读懂她深沉的内心世界，当王赓因为政务繁忙没空陪她的时候，都是徐志摩形影不离地相伴左右。虽然她意识到他才是自己心目中的理想伴侣，可是他们相识在不该相识的时候，令她陷入了无限的哀伤中。徐志摩迫于多方压力，也曾漂洋过海到异国他乡，试图遗忘对陆小曼的感情，没想到时间并不是爱情的良药，自己对她的感情却越陷越深。因此，越发痴情的徐志摩就鼓励陆小曼冲破封建枷锁，跳出无爱的婚姻，奏响他们爱情的号角。他们两个人的不屈不挠终于感动了王赓，使他成全了陆小曼与徐志摩的婚姻。

陆小曼到上海生活后，渐渐沉迷于漂亮的居室、新潮的商品和豪华的舞厅，这一切对能歌善舞、善于交际并压抑已久的陆小曼来说，简直就是如鱼得水。由于她成了著名诗人的太太，又有惊人的美貌，很快便成为上海社交界的中心人物。排场大了，费用自然就相应增多，陆小曼在物质上的欲望有增无减，徐志摩为了满足她奢侈的挥霍，只有北上教书两头跑，平时还必须写点文章挣稿费。直到徐志摩飞机失事，永远地离开她后，陆小曼才幡然醒悟，怀着哀婉之情写下了感人肺腑的《哭摩》，从此远离红尘，青衣素面，不再进出交际场所。尽管如此，她还是得到了很高的赞誉：胡适说，陆小曼是一道不可不看的风景；郁达夫说，小曼是一位曾震动20世纪20年代中国文艺界的普罗米修斯；刘海粟说，陆小曼的诗清新俏丽、文章蕴藉婉约、绘画颇见宋人院本的常规，确是一代才女、旷世佳人。

3. 流浪作家——三毛

三毛的一生是流浪的，她的足迹遍及世界各地。为了爱情，她毅然留在撒哈拉沙漠上生活，并以当地的生活为背景，写出一系列脍炙人口的作品。她有着小资女人特有的固执和坚持，她原名叫陈懋平，小时候学写字时，无论如何都学不会写那个"懋"字，因此每次写自己的名字时，都自作主张地把中间那个字省略掉，硬是改成了陈平。就如她爱上了一个人，就会死心塌地地不离不弃。有一天半夜，她突然推醒荷西，郑重其事地告诉他，她会永远爱他。这幅画面也成为文艺女青年们对自己爱情所预设的远景。

其实，三毛是那个时代的女文青中最会穿衣的。她曾穿着大朵碎花的长裙站在沙漠的风沙里，任黑发飞扬。她的黑发分成两条垂落的麻花辫，她的衣着装饰有着吉卜赛女人的娇媚，在简单的外表下，却激荡着灵魂深处的激情和华丽。从以往的照片可以看出，她最喜欢的装扮是一件牛仔外套搭配长裙，脚上穿着一双短靴并露出白色的短袜。当时，她无疑是最时髦的，还穿过 Polo Ralph Lauren 的卫衣、匡威帆布鞋、棒球外套、条纹背带裤配上红色包头巾。

自由、漂泊、不羁的女人注定是自恋的，因为无人能读懂她的生命。三毛不被人们理解，自己也不屑于被人理解，她的自恋也形成了自己的孤独。一个孤独的小资女作家所经历的爱情是普通人可望而不可即的。在极度的幸福感里，夹杂着生离死别的预感，她说："如果选择了自己结束生命这条路，你们也要想得明白，因为在我，那将是一个幸福的归宿。"这便是她对待死亡的态度，没有丝毫的恐惧，仿佛在讲一个云淡风轻的故事，生命对于她来说，只是一种来去自如的选择。随着她的初恋情人、丈夫荷西相继去世，她的作品中开始充斥着一抹挥之不去的哀伤。她的文字没有张爱玲的犀利和冷酷，更多的是无处排遣的忧郁与惆怅，也正是这种忧郁，使三毛成为整整一代人精神暗示的人物。如果没有三毛，我们真正的青春期将会无限推迟，或者提前结束。回头一看，也只有三毛，在最适当的年代，以最浪漫的方式，向我们开启了自由之美、世俗之美和女性之美。

4. 当代作家——安妮宝贝

一位名叫励婕的女子，以安妮宝贝为名写了许多作品，在网络上四处飘荡，不经意间以《告别薇安》一书成名于江湖，使自己的文字连同自己的名字都成了小资的代言人。她的早期作品，主题多为描写工业化城市中游离者的生活；后期作品则开始关注外界和自我的关系，注重心理描写，有较多人性和哲学上的深入探讨。自从她的父亲去世，风格开始转变，作品越发返璞归真，语境清洁，以一贯自控和敏锐的优美文体，呈现出她对文本叙述道路的重新发现。她所展现出的驾驭文字的技巧与能力，再次令人叹服。《春宴》是安妮宝贝在她写作史上字数最多的一部长篇小说，将近30万字。在这部完整体现作者哲学世界观与情爱观的作品中，处处可见安妮宝贝对人生的感悟，文中哲思的火花俯拾皆是，随处可见精彩至极的金句格言。她在向你展现悲剧的同时，又给你看到些许希望，所以，只有对她的文字产生热爱的人，而没有为此沉溺不振的人。

棉布衬衣、宽大发旧的牛仔裤、黑色蕾丝内衣、球鞋是安妮宝贝笔下的女子最常见的穿着。她自己也常常喜欢穿棉布衬衣，搭配长裙，还有穿球鞋时不穿袜子。她一直都是这么随性，就如她不喜欢银行的工作，然后辞职离家，过自由自在的生活。很多安妮宝贝的书迷都会对她的感情世界感到好奇，直到她生下女儿，她也仍然把自己深深地隐匿在这个虚幻的网络世界中。他们无从知晓真实世界中的安妮遇到过什么样的男人？遭遇了什么样的爱情？也只有从她的文字中窥测她的爱情观。她的爱情，是《告别薇安》中的"他想着她也许就是其中擦肩而过的一个。他终于可以在心里轻轻地对她说，再见，薇安"；是《彼岸花》中的"爱情只是宿命摆下的一个局"；是《八月未央》中的"我爱你，这是我的劫难"。总之，她笔下的爱情注定是没有结局的，是无从触摸而又无处不在的一种幻想。在纷繁芜杂的描写都市情感生活的文字里，安妮宝贝的文字无疑是清冷的、令人警醒的，她始终都是一个梦醒的绝望者。

过优质生活，提升自己的品位

如果说男人的武器是事业，女人的武器则更多地体现在她的个人品位上。品位是一个人去观察事物时的态度。同样的东西，不同人的眼光下会出现不同的版本，物质本身的价值与品位的高低是没有关系的，我们要用自己的眼光去欣赏一件东西，用高级的品位去挑选一件东西。在某种程度上，一个女人的品位与她的气质是相辅相成的，品位的高低取决于她在日常生活中对新事物的发现。品位是自己独特的味道，每个女人都要有自己的品位，即使是一件廉价的饰品，只要戴出了属于它的韵味，也同样能够表现出自己的品位。

个人品位最直接体现在她的装扮和举止上。香奈儿曾说，每个女孩都该做到两点：有品位并且光芒四射。衣服是最能体现个人品位的东西，别出心裁的款型会令人一见倾心，精致巧妙的细节会让人印象深刻，所以说善待自己的外表也是疼爱自己的一种方式。女人的装扮应该以多姿多彩、高贵典雅为主，真正有魅力的女人总是能一眼就给人带来视觉上的享受和肯定。

法国女人的穿戴应该是最有品位的，因为法国服装一向引领世界的潮流。据说她们的衣橱里，永远都会挂着一条小黑裙和一串珍珠项链，还有一顶优雅的贝雷帽。我们应该向法国女人学习，建立自己的穿衣准则，新一季的手袋、珠宝、帽子，哪怕只是一个胸针，都以完美的方式来佩戴。有品位的女人还会拥有很多双鞋，比如精致的高跟鞋、帅气的长筒靴、舒适的平底鞋，还有优雅的芭蕾舞鞋等。我们平时可以多看看时尚杂志，以提升自己对服饰的鉴赏力。

在快节奏生活的今天，很多女人选择拼命地工作，牺牲大部分时间换取财富，就是为了追求外人看起来高贵奢侈的生活。她们虽然衣着光鲜，却以机器制造的食物充饥，用昂贵的粉底盖住厚重的黑眼圈。但是，优质的生活并不是用昂贵的名牌包包或是带着耀眼商标的衣服才能堆砌出来。一个人生活品质的改善，并不需要多少金钱，更与地位无关。

优质的生活还取决于自己身心的和谐度，比如你做的事是不是你喜欢的事，或者是你想做的事？如果你所经历的事，让你觉得可以构成你人生中比较有意义的一部分，那么不管事情的好坏，至少你从中学会了完善人生，那么你的生活品质就是高的；反之，如果你觉得生活不能给你一种充实、安定的感觉，并且容易烦躁，那么你的生活品质就一定不高。王小波曾经说过："一个人只拥有此生此世是不够的，他还应该拥有诗意的世界。"但是，这种诗意的生活并不是矫情的造作，而是在庸常生活里让自己带一点格调与品位，把生活过得浪漫有趣。如果缺乏对生活的敏感，生活中一些趣味盎然的瞬间或许就会被我们错过了：新种植的月季刚刚伸展出来的一片还带着晶莹露珠的叶子，就能让你感受到那抹绿色带来的生机；路边开满鲜花的树，也会让我们感受到春天的绚丽以及无比的美好。

有品位的女人，或许也会为了生活忙碌奔波，但她却从不气馁，也不会为此感到焦虑。她追求生活的情趣，会费尽心思地购置一些精致小物件，摆放在家中，享受着亲手创造的生活美感所带来的喜悦。她用精致的生活仪式感愉悦着自己，也知道生活细节有多么重要，如此才是真正优质的生活。

关于优质生活，不同时代也会有不同的解读，每每目睹香粉、发膏、水晶眼镜、薄纱旗袍、绫罗绸缎、翻毛手套等至今仍然闻之沁香、触之丝滑的老物件时，总能让我们感受到民国时期淡定从容的优雅之美。而现代人的优质生活，并不需要投掷千金买一盏施华洛世奇的水晶吊灯，其实，一盏欧式风格的烛台型吊灯，更能让我们感受到家的温馨。当你独处时，一边听着悠扬的萨克斯，一边品尝用珐琅锅炖煮的一锅香气四溢的浓汤，那一刻就可以感受到无比的幸福。

我认为依娜就是一个懂得过优质生活的女人。她从穿衣打扮到家居装潢，从书刊阅读到音乐欣赏，始终都坚持自己喜欢的风格。她每天会早起一个小时，精心挑选服饰，打扮得体才会出门；在一天忙碌的工作之后，回到家为自己精心准备晚餐，然后沏上一壶花茶，坐在柔软舒适的沙发上盘着腿，阅读自己喜爱的小说。周末，她喜欢选择一个阳光明媚的下午，坐在星巴克里和朋友们谈论海明威、马尔克斯、安妮宝贝和村上春树。

依娜只喜欢喝加了糖的苦咖啡，或者抹了奶油的苹果松饼。正如她所喜欢的男人，总是清一色的瘦高身材，有干净的眼神，风度翩翩。她很喜欢男朋友给自己制造的惊喜，比如突然出现在她的眼前，让她立即收拾行李陪自己去马尔代夫；或者佯装忘记了她的生日，却出其不意地找人给她送来九十九朵玫瑰。他们每年至少出去旅行一次，哪怕只是去远郊泡温泉。不过，再好的恋人也会有争吵的时候，依娜就曾在我的面前哭诉男朋友不理解自己。但是她很懂得自我调节情绪，不会因为此事纠结，甚至折磨自己，比如为了他不吃饭、不睡觉、闭门不出，这些绝对不会出现在依娜的人生字典里。对于一些不开心的事，她会选择尽快遗忘，仿佛从未发生。

她平时想吃就吃，不会为了身材让自己饿着，而且在吃的方面绝不将就。但是她每个星期都会抽出两天时间去练习瑜伽，让自己保持良好的身形。除了与男朋友约会，依娜也会偶尔与闺蜜们相聚，放纵地玩乐一回，但绝不会喝太多酒，也不会太晚回家。她始终相信，疼爱自己，善待自己，会让自己的生活过得更加精彩纷呈。

过优质的生活，也代表着一个女人的品位。但是，拥有美丽外表的女人不一定有品位，而品位的内涵却可以为你的外表加分，甚至能突破年龄的残酷界限。就如有些女人虽已发如霜雪，但看上去仍很有品位；有些女人虽然年轻漂亮，却很难显现出女人的品位。

两个同样漂亮的女人，有品位的女人当然能美得更透彻，美得更入骨。因此，女人一定要尽量提高自己的品位，多一些优雅，少一些庸俗。想要活得精致而有品位，不如每天多接触一些美好的事物，把生活过得越来越优质，这样你就会逐渐提升自己的品位了。

不要变成一个俗气的女人

每个男人心目中都有一个缪斯女神，她美丽、高贵、古典、浪漫，甚至多才多艺。或许很多女孩在学校里曾经是令男生们趋之若鹜的女神，可是婚后却仿佛变了一个人，变得不再注重形象，甚至是庸俗不堪。

我的同事张磊就很不明白，他的妻子蕾蕾以前温柔大方、活泼开朗，在相恋的日子里，每天都会给他发情意绵绵的短信，即使两个人意见不合，她也会向他撒娇，最终两个人和好如初。可是婚后，蕾蕾发来的短信不是让他下班买菜回家，就是让他去买点油盐酱醋。每逢节假日，当他提出跟她去哪家新开的餐厅吃一顿饭时，蕾蕾都以省钱为由拒绝。两个人在家里相处时，她的话题总是离不开他上个月发了多少奖金，或是让他去查一查这个月的工资有没有发。她整日在他耳边唠唠叨叨，一会儿说他怎么不洗袜子，一会儿又说他只顾着玩游戏都不收拾房间。令张磊更难以忍受的是，蕾蕾在他面前毫无顾忌，连言行举止都变得粗俗起来。如今，在张磊眼里，他的妻子蕾蕾已经变成一个很俗气的女人了。甚至，他还在我面前诉说，好怀念自己的初恋情人林俐，前不久的同学聚会，偶然见到她，她竟然还如从前一样年轻貌美、超凡脱俗。可惜，林俐也已嫁为人妇，与他见面也不过是礼貌性地点头微笑，两个人便再无交集。其实，暂且不论林俐是否比蕾蕾更懂得保养，在男人的心里，得不到的永远是最好的。人与人之间产生的美感，都在于一种陌生感和遥远感，距离越近，发现彼此的缺点就越多，产生的矛盾与摩擦也是无可避免的。只是，照目前这种情况看来，若是蕾蕾执意下去，不做出任何改变，那么她与张磊的婚姻就会陷入比较危险的境地了。

已婚男人的出轨，除了怪罪男人的忘恩负义、不负责任以外，还有小部分责任要归于女人。不能因为两个人生活在一起，成为亲人，你就可以肆无忌惮地袒露自己最随意的一面，比如在你的男人面前剔牙，上厕所不关门，饭后大声地打嗝等。要知道，你们虽然成为亲人，可他却不是可以无条件包容你一切的父母。男人都是视觉动物，他依然会关注你的肌肤、身材以及头发的变化。很多女性成了家庭主妇后，就跟社会完全脱节，她觉得自己的责任就只是在家相夫教子，根本没有打扮的必要，也不需要在自己男人面前注重形象了。在目前社会不断发展的情况下，有这种思想是十分危险的，你的男人外出打拼，会面临很多诱惑，当然还包括那些比你年轻漂亮的女人，不要认为贤惠勤劳、宽容大度就可以完全拴紧他，即使他人还在你身边，可心却不一定会在你这里了。因此，你千万不能变得庸俗不堪，令男人产生嫌弃的心思。

一个俗气的女人，即使你美若天仙也会让男人望而却步的。一些姑娘之所以俗气，那是因为她们没有见过世面、接受良好的教育，但是，如果她们肯努力改进，还是可以让自己的形象变得美好的。当红影视明星赵丽颖就是一个典范，她的父母虽是农民出身，但是在她的身上却没有一点乡土气息，除了她天生丽质，还与她后天的积极上进、勇于突破自我有关。

可是，有些女性，还没有结婚就已经很俗气了。俗气，不仅仅是指外表，还包括言行举止、待人接物等方面。所以，我们必须认清那些俗气的行为，才不至于让自己重蹈覆辙。

1. 穿着不得体的女人

从内衣看出女人的内在。有些女性对内衣的穿戴很不讲究，比如穿半透明的衣服时，却没有做好打底，让里面的黑色内衣突兀地显现出来。或者在穿抹胸装、宽领装、露背装的时候，不经意地露出内衣的肩带，本来一件很性感的露背装，却被肩带破坏得美感全无。我建议喜欢穿露背、露肩长裙的女子，最好选用无肩带或是隐形肩带的内衣，透明的薄纱上衣则选择抹胸式的内衣较好，否则在公共场合会令人觉得尴尬。还有，低腰裤虽然能表现出女人的性感，可是绝对不能在穿低腰裤的时候露出内裤边，因为当你弯腰或者蹲下去的时候，瞬间就会拉低你的穿衣档次。若是你执意要穿低腰裤，最好搭配一件衣角较长的上衣或是外套。

2. 喜欢廉价衣服的女人

很多女人都喜欢逛街买衣服，值得注意的是，你可以选购商场内折价的衣服，但是千万不要去买淘宝网上看起来很廉价的衣服，比如裙子的颜色不纯正，裙腰的接缝处有皱褶，其粗劣的做工会凸显出廉价的感觉；还有面料很差但款式流行的上衣，缝得很潦草的珠子、亮片、铆钉，没过多久就开始一个一个地往下掉，而机绣的花纹图案，背面坚硬并且还带着纸样。因此，我们买衣服应该重质量而不是重数量，与其买十件廉价的衣服，不如攒钱买一件款式新颖、做工精良的品牌衣服，减少出错的机会。

3. 满身珠光宝气的女人

不要以为有钱的女人就不俗气，即使她满身名牌服饰，全身上下戴满金饰和名贵的珠宝，由于文化水平和道德没有及时跟上，所造成的品位的差异也会影响人们对她的印象。

4. 不注重头发的女人

发型决定一个女人的气质，而俗气的女人却不太注重发型和保养头发。她们常常可以忍受三四天才洗一次头，也懒于做头发的护理；以为染发就是时髦，常常把头发染得鲜红或者枯黄，当新的黑发长出来时，又不及时去补色，造成头发分成两种不同的颜色，看起来十分滑稽可笑。

5. 贪小便宜的女人

女人的俗气除了喜欢斤斤计较，还有爱贪小便宜。这种女人买件衣服，喜欢一个小店接着一个小店地转，再从一个商场转到另一个商场，马不停蹄，乐此不疲，就是为了对比哪家的衣服最便宜。还有，她们到菜市场买个菜，讨价还价半天，竟为了一元钱的差价僵持很久。其实，如果将这些时间和精力用于自身素养的提高可能会收获更多。

6.用假冒名牌包包的女人

很多女性都热衷于购买国际一线品牌的包包，因为它是身份与品位的象征。可是 LV、Prada、Gucci 皮包的价格昂贵，买一个就等于工薪阶层半年甚至是一年的工资了。于是，就有一些女人，公然背着假冒一线品牌的包包出入大街小巷，甚至是走进这些奢侈品的专卖店。可是，你要知道，即使是高仿真的名牌包包，正品店的店员也可以一眼就看穿，到时你只会落得贻笑大方的境地罢了。

增加女性魅力的八种方法

　　女人，不一定要拥有绝美的容颜、魔鬼的身材，但是绝对要有魅力。一个有魅力的女人，她的一颦一笑、一举一动，都会令男人们心旷神怡、魂牵梦萦。女人的魅力是一种神秘的呈现，一种悄然的介入，是男人想回避却越陷越深的陶醉，是其他女人可以欣赏却难以模仿的惆怅。

　　魅力，是扣人心弦、难以捉摸的，它没有定式，没有形状，就那样缓缓地铺开，缓缓地潜入，缓缓地撩起你所有的迷恋和向往。其实，漂亮的女人不代表就有魅力，漂亮是简单的，魅力是复杂的；漂亮是暂时的，魅力是持久的。有魅力的女人，无论她走到哪里，都会像磁场一样吸引着所有人的目光。但是，魅力是需要通过后天的培养才能具备的，它是一种由内而外散发的吸引力，是可以让女人变得更有气质的催化剂。有魅力的女人不光有着温婉可人的外表，还有着丰富的内涵。她不是一幅色彩鲜明的油画，而是一本耐人寻味、百读不厌的书。人们都热衷于围绕在这样的女人身边，她散发出的诱惑力就像酿酒陈香一般，时间越长越让人感到迷醉。那么，如何才能成为一个有魅力的女人呢？下面我就给大家总结八种增加女性魅力的方法。

1.具有浪漫情结

具有浪漫情结的女人必定是热爱生活的，她对未来也一定充满着美好的憧憬与期待。现代人的生活太忙碌，男人们或多或少都会感觉到压抑，一个善于制造浪漫气氛的女人，势必会给他带去美好的感受与欢乐。比如，拉着你爱的男人去海边散心，总比随便去一家小餐馆里听他诉苦更有意境；当你的男人忙碌了一天回家，看到家里准备了烛光晚餐，平时不擅厨艺的你竟为了他学做牛排，这种幸福定会让他一生铭记和回味。所以，你要学会用浪漫的情调打造自己，成为一个富有情调的气质女人。

2.拥有女孩的率真

一个看似永远长不大、胸无城府的单纯女人，她可爱、纯真的天性会令周围的人感到愉悦。她无拘无束，率真而充满阳光，有口无心但并不是口无遮拦。在生活中，她很容易满足，一件小事情都会让她笑个不停，她不会整天抱怨，更不会算计他人。或许她的思维有些简单，做事也很简单，但是跟这样的女人在一起，男人会感觉到轻松自然，没有压力，也容易对她产生怜爱之心。不过，拥有女孩子的率真并非是不成熟的表现，而是率性而为，洒脱随意，随意之中又凸显出一种无拘无束的畅快与意趣。

3.具备女性的温柔

温柔是一种不可比拟的美，它能够化解人世间的一切愤怒、误解和仇恨。徐志摩写过一首诗，句中是这样形容女性温柔之美的：最是那一低头的温柔，像一朵水莲花不胜凉风的娇羞。事实上，一个女人最能打动男人情感的是她的温柔，一句温声细语的问候，一句情意绵绵的叮咛，都会令他仿佛沐浴灿烂的阳光。但温柔绝不是矫揉造作，也不是故作姿态，它是知冷知热、温顺体贴。如果你想更有魅力，就请发挥出女人所独具的温柔禀赋，用亲和力去融化你爱的人。

4.增添性感的风情

面对一个妖媚、性感、迷人的女人，相信任何男人都难以抵抗。女人应该适当增添一些性感的风情，因为那些循规蹈矩的淑女早就让男人们产生审美疲劳了，她们就像一杯平淡、乏味的白开水，虽然解渴却没有任何味道。当然，女人的性感并不是衣着暴露、卖弄风情，真正的性感应该是从骨子里散发出来的，但是重点并不在于美丽的容颜或是傲人的身材，你不经意地咬手指、托腮，或是伸舌头舔上唇，都会令爱你的男人心猿意马、神思恍惚。若是你想让自己看起来更性感，还可以穿上露背装，或者腿部开衩的旗袍，喝上一杯红酒，让自己微微醺醉，为脸颊添上一抹绯红，为眼神添上一份朦胧美，保证在你身边的男人会立即兴奋起来。精神医学专家根据多年的经验表示，对于男人来说，肉体上的接触更能增加他的满足感。

5.学会宽容大度

一个能够宽容别人的女人，心胸就像天空一样宽阔、透明。她会宽容自己的家人、朋友、恋人，甚至是曾经深深伤害过自己的人，这是人性中最崇高的一种境界。宽容大度的女人，不会对那些琐碎的亏欠念念不忘，也不会钻在过去的牛角尖里让自己难受。原谅对方，善待自己，最终赢得心灵上的升华。特别是要以宽容的心态对待你所爱的男人，宽容他的过去，宽容他的某些小错误，他便会一世铭记你的好处。当然，宽容并不等同于软弱，也不代表没有底线，你不能一味地委曲求全，要学会做一个刚柔并济的女人。

6.善于理解他人

通情达理的女人，凡事都会替别人着想，绝不会让人难堪。特别是对自己所爱的男人，她无论什么时候都不会把他当成私人财产，要他对自己言听计从；她也不会去触碰男人精神世界里的禁区，让他的尊严受到伤害；她更不会在男人与友人面前无理取闹，得寸进尺，让他颜面尽失。她的善解人意，好似一方美玉，不需要修饰与装点，就已经晶莹剔透、完美无瑕。这样的女人，也是最令男人尊重与感激的。

7.打造迷人的个性

容貌姣好的女人，如果没有个性，就会像一个空洞的花瓶。每个人都是一个独立的个体，都应该有自己独特的性格魅力。人的个性都具有一定的可塑性，它可以随着你周围的环境和经历发生变化，无论你是自然纯真的可爱女人、柔情似水的贤惠女人、热情奔放的野性女人还是与世无争的淡定女人，都可以打造出自己迷人的个性。据调查，有很多受过良好教育，有一定社会地位的男人，都表示喜欢具有个性吸引力的女人。因此，用你极具个性的诱惑力去征服你所爱的男人，必定会事半功倍。

8.培养高雅的兴趣

腹有诗书气自华，你的兴趣很大程度上会通过你的气质表现出来，高雅的兴趣也有助于培养女人优雅的气质。弹钢琴、绘画、写作、下棋、书法这些爱好都是高雅的兴趣，无所谓样样精通，只要你爱好文学并有一定的鉴赏能力，欣赏音乐并有较好的情趣，都可以成为一个有才情的女子。具有高雅兴趣的才情女子，她沉迷于爱好中静若处子，动若脱兔的神态极富韵味，在男人眼中会有与众不同的魅力，会令他深深痴迷。

从简单的生活中发掘情趣

　　我们的生活可以很简单，但是不能没有情趣。没有情趣的生活是枯燥乏味的，每天按部就班地上班、下班、吃饭、看电视，然后睡觉，周而复始，直到白发苍苍之时，才去感慨生命的意义到底是什么？！或许很多人会说，生命的意义就是繁衍后代，以及为这个社会做出贡献啊。当然这些都是无可厚非的，但我想说的是，人生如此短暂，转瞬即逝，何不让自己活得更有乐趣呢。良好的生活情趣可以放松紧张的情绪，驱走身心的疲惫，陶冶高尚的情操，甚至还可以提升人格的魅力。

　　有些人则认为，财富和地位能影响生活的质量，所以只有物质丰富的人才能有生活的情趣。一个三餐不继、薪金微薄的女人，日日为生活奔波劳碌，你说她的生活能有什么情趣？我认为有这种想法的人肯定是错误的。我就见过一个很纯朴的女孩，她只是一个美甲店的小妹，当然没有太多钱去买高档的漂亮衣服，可是有一天我发现她穿了一件很别致的裙子，就忍不住问她在哪里买的？她说是自己的创意，去品牌店买了一条换季打折的牛仔连衣裙，款式非常简单，布料的颜色甚至有些陈旧。但她又去布店买了一块小碎花棉布，特意让裁缝替她把裙子改装成牛仔与碎花拼接的时髦连衣裙。她经常一边替我做美甲，一边和我讲述她的生活趣事。她还提到自己的男朋友是"月光族"，每月赚的钱在下次发工资前早就花光了，两个人有一次外出吃夜宵，他竟然花得一分不剩，连回家的路费都没有。他们只好步行回去，她突然提出要和他做个游戏，猜拳论输赢，输的一方要背赢的人走一段路。她的男朋友当然让着她，好几次都故意认输，两个人就在欢笑声中，不知疲惫地回到了家。

因此，情趣并不一定只与财富相关。有钱的男人，可以给女朋友买999朵玫瑰；没钱的男人，照样也可以买一束玫瑰或者摘一束野花送给心爱的女人。买了汽车的男人，每天可以开车去接送妻子；但没有汽车的男人，仍然可以骑着自行车接送妻子上下班。爱并不低下，在精神意义上，这些都是等值的。虽然每个女人都向往拥有大房子，衣帽间、客厅、书房、卧室以及备用客房一应俱全，装潢别具一格、富丽堂皇，但是，不是每个人都能买得起豪宅。有生活情趣的女人，她会拓展小房子的空间，比如自造隔层代替阁楼，既有效地利用了空间，还增加了装潢的温馨感；她种植花草，不一定昂贵，但仍不失惬意的心情；她精心烹饪了一桌菜，不一定是山珍海味，却也不失色香味。

现代人的生活很忙碌，但从工作中抽出一点时间来让自己放松一下，总比累了就睡要好很多。寻找生活的情趣就是一种感受的过程，使内心可以得到安宁与充实。一个冰雪聪明的女人，必定善于从简单的生活中发掘出五彩缤纷的情趣。

慕青，就是我见过的最懂得生活情趣的女人。她是一个令人羡慕的时尚白领，结婚三年，与丈夫恩爱有加。在锅碗瓢盆之外，她还会把小家布置得温馨别致——小碎花桌布，流苏花边的窗帘，精致的花瓶以及娇艳欲滴的鲜花，无不展现着浪漫的气息。慕青做起家务来也是井然有序，别有情趣。在特别的日子里，比如结婚纪念日、情人节或是丈夫的生日时，她都会做一顿丰盛的晚餐，穿着绸缎旗袍，裸露着美丽的小腿，发髻高绾，丰姿绰约地在厨房里烹饪，同时还让悠扬的音乐在整个屋子里回绕。丈夫回家，看到风情万种的她，宛若古典的花儿，开放在时光深处，那么妖娆，那么玲珑，他不禁欣喜若狂。此时，印花桌布映衬出典雅的色调，暗香浮动，烛光摇曳，他们细心品味的不只是菜肴，还有如沐春风的心情。黄昏时分，人行道上的两个身影被拉得颀长，那是慕青和她所爱的男人在饭后拉着手散步。他们享受闲暇的步调，那才是对生活的享受，更是一种浪漫的情调。一个善于营造浪漫气氛的女人，当然也是最懂得生活情趣的。浪漫，就像古代仕女的花手绢，制作的时候是一种兴趣，而使用的时候则是另一种情趣。

在我们的生活中，还有很多像慕青一样，在简单的生活中拾捡情趣的女人：在阳光的午后一觉醒来，喜欢在室内沏一壶茗茶细细品尝的女人；或是在夜深人静的晚上，冲上一杯热咖啡，体验世界皆睡我独醒的女人；还有喜欢音乐和电影的女人，因为音乐和电影本身就充满着情趣的气息……除此之外，闲暇之余栽种花草也是人生的一大乐趣，当你心情郁闷的时候，看到满眼的郁郁葱葱和姹紫嫣红，该是何等的心旷神怡啊！植物的生命力很强，你只需要一些水、一些土壤，它就能生长得很好。在种养花草时，当你真心去爱护它们，不论它是否盛开，是否翠绿，你都付出无私的爱，同时也收获了内心的宁静。其实，当我们真心地去爱周围的一切时，就能感受到生命的美好。你或许会说，我整天忙于工作与家务，哪里还有闲情逸致去种植花草啊？那是不是代表我就不可能有生活情趣了呢？答案当然是否定的，你完全可以忙里偷闲，为自己安排一顿悠闲的下午茶，同样是另一种生活情趣。在办公室里，准备一套自己专属的茶壶、茶杯和口感好的茶叶，茶壶最好选用精致的紫砂壶，无论是象形壶、意形壶、概念壶，都可以给你带来文化元素与艺术气息相构建的视觉享受。而且，紫砂壶泡茶不走味、贮茶不变色，即使是盛暑时节，所泡之茶仍不会出现馊味。泡茶日久，茶素慢慢渗入陶质中去，即使壶里只放白开水，壶里也自有一股清清的茶香。下午茶可以搭配一块蛋糕、一块饼干，或是几块水果……如此既能弥补午餐吃得太少的遗憾，又可让晚餐吃得比较清淡。其实，享受生活真的不需要太多物质支持，有钱的时候可以纸醉金迷，没钱的时候也可以通过兴趣爱好等途径找到生活的情趣，同样能感受到幸福。

女人要学会从生活细微之处，发现人生的浪漫、幸福的情趣，这是一种方法，也是一种理念，更是一种价值。一个富有生活情趣的女人，自然也会在举手投足间散发着优雅的气质。

第六章

调节情绪，来一个华丽的转身

克制情绪，轻松应对愤怒

很多女人都有好胜心，因此容易为金钱所累，为感情所累，甚至为容貌所累，结果就积累了很多的坏情绪无从宣泄，总有想拍案而起的冲动。

前不久，我在商场里看到一个妈妈在教训儿子，原因是儿子想买一个玩具，妈妈不买，他就躺在地上不愿起来。那个年轻漂亮的妈妈怒容满面，歇斯底里地吼着，用修长的手把儿子从地上生硬地拽起来，拼命地摇晃、推打，形同疯妇。小孩被打得东倒西歪，刚开始还在大哭，后来连哭都不敢了。我相信，那女人绝不会仅仅是因为儿子的耍赖而大动肝火，她应该是为了其他不顺心的事而愤怒郁结，但又没有办法就事论事地发泄出去，于是才不能自控地发泄在孩子身上，使孩子成了无辜的承受者。心中有怨气的女人，会一直背负那些委屈和愤怒艰难地行走，想扔扔不掉，又无处安放，只能堆在心里，最后又变成戾气，让自己成为一颗随时都可能引爆的炸弹。很多时候，一件小事就可以成为这颗"炸弹"的导火索，然后造成完全丧失理智的毁灭性后果。

当一个女人的情绪彻底失控，她在众人面前就毫无形象与教养可言了。其实，很多女人都知道控制情绪的重要性，也想做一个温文尔雅的女人，可是，在遇到具体问题时，往往都不由自主地直接表达出自己的愤怒。有人曾经说过，一个能控制不良情绪的人，比拿下一座城池的人还要强大。可见，克制情绪，轻松应对愤怒并不是一件容易的事。但世上无难事，只怕有心人，只要我们下定决心去改变自己，就一定能成为一个一直拥有优雅气质的女人。

但是，克制情绪，并不代表我们就要对心中的不快放任不管，那样心情只会越来越糟。心中的不快如果找不到宣泄情绪的临界点，就会在你的心理上造成潜在的压力，轻则影响工作和生活，严重者还会导致心理失衡从而引发心理疾病。因此，要学会宣泄心中的不快，多想些快乐的事情，低沉的心才会飞扬起来。

生活中，我们难免会遇到一些不公平的事情，也会遇到很多让你无法接受的人，如果我们不能试着去改变别人，与其疾言厉色地指责别人的行为，不如怀着理解的心态去原谅对方。声嘶力竭地与别人争论并不能赢得所谓的自尊，反而会让你丢掉自尊。如果你不学会原谅，就会活得很痛苦、活得很累。原谅是一种风度，也是一种修养，它像一把伞，会保护你，帮助你在雨中前行。人与人之间有摩擦、有矛盾，是很正常的，因为每个人的学识不同、见识不同、修养不同，对事物的看法自然也就不一样。原谅生活中的不公，因为它像天空一样，不会永远纯净透明。晴空万里时，它会让你欢笑；乌云密布时，它也会使你忧郁。假如你不能原谅，就一定会痛苦不堪，后果是你的生活将永远在水深火热之中。当你原谅了一切之后，你就会发现，得到释放的不是别人，而是自己的心。

可是，并不是每个女人都能有宽广的胸襟。从闺蜜那里得知，她的同事晓月上个月离婚了，是因为丈夫的出轨。当晓月发觉丈夫有情人后，就变成了一个性情暴躁的女人，除了日日埋怨丈夫，家庭战争也随之不断升级，即使丈夫表示再也不会和情人有来往，她仍不依不饶。晓月始终认为，自己的丈夫是个老实人，要不是那个女人主动勾引，他是不会背叛自己的。于是她召集了自己的亲戚朋友，去那个女人的单位大吵大闹，并向对方的同事展示了那个女人跟自己丈夫的合影。晓月没能克制情绪，虽然发泄了自己的怨气，可是后果却是得不偿失。

虽然女人经过精心的修饰，可以让自己光彩照人，但同样这张脸，若在愤恨和幽怨的心理影响下，就会变得晦暗无光、面目狰狞。就如你感觉有人伤害了你，你愤而回敬，对别人说出一些自认为很有反击力度的话，感觉似乎得到了一种发泄感，但这种发泄感却并不能消除对方对你做出的伤害。可见，刻薄会使女人变得可畏，而且在她心中始终弥漫着一种有毒的气体，最后则是害人又害己。

人的情绪会将自己变成一只准备战斗的刺猬，然后毫不留情地攻击对你施加伤害的人。那么我们该如何克制自己的不良情绪，轻松应对愤怒呢？这里介绍一套控制负面情绪的六种方法，希望能对各位有所帮助。

1.当你产生负面情绪，并且能够觉察出来时，不妨找一个安静的环境独处，体会自己正经历着什么样的感受，问问自己为什么会产生这样的情绪？这种情绪会对自己造成什么样的危害？如果只是因为你的胡思乱想产生的不开心，那就找些喜欢的事替代它，将注意力集中到自己感兴趣的事情上。

2.要让自己有这样的信念：我一定可以摆脱情绪的控制，无论如何我都要战胜它。你若想改变一些偏颇的想法，不妨找个值得信赖的朋友倾诉自己的苦恼，这也能帮助你更好地接纳自己的情绪。事实上，当一个人能够了解和接纳自己的情绪时，情绪的困扰也就解决一大半了。

3.如果你被某人激怒了，感到心中有一股排山倒海的怒气马上要爆发出来，你一定要保持警惕。当务之急，应该尽量让自己冷静下来。很多时候，因为头脑发热，一时冲动就会做出无可挽回的错误行为。当你回归理性时，要学会换位思考，不要让自己游走在过激的边缘，尝试站在别人的角度看问题，你便会发现其实对方并没有那么可恶，而你也并非完全正确。

4.尊重并欣赏自己，纵然自己有再多的缺点，也是这世上独一无二的你。对你现在拥有的一切表示感恩，珍惜自己当下的幸福。每天尝试做一件令自己开心的事情，培养积极、乐观、向上的情绪，无疑也有益于你的身心健康，从而也可以减少你的愤怒和焦虑，并提升你的生活质量。

5.碰到棘手的问题，令你焦虑不安、心神不宁，建议把事情晾一晾再去处理也不迟。你要坚信一切都可以重新来过，今天再大的事，到了明天就是小事。当你接受这件事时，心情才能趋于平静，然后思维才能清晰，从而发挥出解决问题的最佳能力。

6. 当你为了工作连日加班时，让我们疲累的不是烦琐的工作，而是紧张不堪的恶劣情绪。如果你对自己的工作感到厌烦，何不假装让自己喜欢这份工作？心理学中有个原理就是，扮演一个角色会帮助我们体验到他所体验到的情绪。你假装对工作感兴趣，这种态度能让你减少疲劳、紧张和忧虑。

喜、怒、哀、乐，对于每个人来说都是再正常不过的情绪，我们何必让它们打扰我们的正常生活呢？实际上，只要进行一定的自我调整，完全能够让自己成为情绪的主人，做个心平气和的女人。给那些不友好的人一个善意的微笑，既能够让对方无地自容，也能够给别人留下善解人意的好印象。从今天开始，请放下你理直气壮的坏脾气，在适当的时候让一步，不仅可以体现出你的涵养，而且还会让你成为受人欢迎的女性。

乐观应对人生的种种障碍

日常生活中，总会遇到各种各样的生活难题，令我们容易陷入一些负面情绪中，如痛苦、焦虑、悲伤和愤怒。但是，我们不能放任这些情绪伴随着自己的一生，应该想办法减轻生活中的压力。当有压力时，肾上腺会过度活跃，而这种过度活跃恰恰会加速女人的衰老。这些压力就像我们头脑中一根紧绷的弦，这根弦如果绷得太紧，便很容易折断。要缓解这种紧张，最重要的是要有一个乐观的心态。当我们遇到压力时，不妨这样想，愁眉苦脸是一天，春风满面也是一天，那还不如争取春风满面地度过，既愉悦了自己，还感染了别人。

现代社会是一个竞争激烈的社会，女性要比男性付出更多的精力和时间，才不至于被社会所淘汰。有些女人遇到困难，之所以会失败，根源就在于解决问题时，总是以不正确的心态应对它。她们总觉得自己不行，结果就一直退到了失败的深渊里。我们不能把自己的失败归于环境，实际上我们的现状不是由环境造成的。

就算是到了最恶劣的环境里，只要你运用乐观的心态，就可以改善自己的处境，只有主宰了自己的态度，才能主宰自己的命运。成大事者，应该不畏困难，时刻保持乐观的心态，不断想办法克服困难，最终走向成功。比如在工作中，对于超出的工作量，不是喋喋不休而是尽心做完，这样会显得你心胸宽广；如果有同事在你面前说了几句不好听的言语，你不以为然并附带幽默地回应，会让人对你另眼相看；面临艰巨的任务时，如果你怀着积极的心态，坚信自己能圆满地完成工作，你就会变得很自信，困难也仿佛减少了一半。

但是，很多时候，我们都不得不忍辱负重，结交不喜欢的人，接受不能胜任的事，被欺压、被打磨、被伤害，既然伤害无可避免，自愈便是至关重要的能力。一个拥有乐观心态的女人，会时刻对不好的遭遇和负面情绪保持警惕，懂得自我开导，并努力地排解心中的怨恨。她的心里仿佛有个强大的垃圾处理器，无论遭遇了什么，大多都能及时化解。其实，我们这个时代并不算太坏，它给了我们许多比以往更好的东西，而正是因为得到了更好的，我们才需要付出更大的代价。人的内心都是具有趋光性的，在黑暗中便会努力地向有光源的地方走去，因此你应当相信，明天一定会比今天好，希望的能量总会强过失望。

可是在经历了人生中的风风雨雨后，有很多女人不知不觉已染上了悲观的心态，凡事都爱往坏处想，爱钻牛角尖。她们因为情感或工作上的挫折，让自己陷入了一种不幸的自我定位中，从而慢慢成为悲观的人。殊不知，悲观是人生的隐形杀手，它隐藏在你的内心，腐蚀着你的灵魂，让你失去心中的希望与活力。其实，不管做什么事情，如果心里都带着恐惧、怕输、消极的情绪，那么你就只能生活在给自己设下的心牢里。若是这个时候，你可以保持一种乐观的心态，那么，相信所有的问题就会迎刃而解了。

渴望成功的人都是乐观的，悲观永远都是成功的阻碍，只有积极向上的心态才会让生活变得美好。每个人生阶段都给自己制定一个目标，然后努力地去实现它吧，只要你努力了，生活就一定是公平的。千万不要抱怨生活，否则只能证明你自己没有真正地去努力。

邰丽华就是一个历经坎坷后，仍能以良好的心态去面对人生障碍的女人。她在一次春节联欢晚会中领舞的《千手观音》惊艳全场，获得了极高的赞誉。据悉，她生于一个普通的家庭，两岁时发了一场高烧，由于大人的疏忽而延误了治疗，使她不幸堕入了无声的世界。但她没有自暴自弃，而是以积极向上的心态进入了聋哑学校，成为一名品学兼优的学生。学校离家很远，她从小就养成了很强的自理能力，很多邻居看到她每天静静地离家，又静静地回来，这其中的艰辛，只有她自己知道。在她踏进聋哑学校校门的时候，最令她感动的就是这里与其他学校完全不同的一门课程——律动课。老师踏响木地板下的象脚鼓，把震动传达给站在地板上的学生，让他们由此知道什么是节奏。为了体验这种感觉，邰丽华总把脸颊紧贴在答录机喇叭上，全身心地感受不同的震动。

当她看到电视里的舞蹈节目，更让她对音乐充满了想象，不禁跃跃欲试。从此，她疯狂地爱上了舞蹈。一次偶然的机会，邰丽华在残联的帮助下，终于得到了正规的舞蹈训练。当时歌舞团有一位姓赵的女老师觉得她是个可塑之材，只是无法与她有效地交流势必成为训练过程中最大的阻碍。于是，赵老师考验这个学生的第一支舞就是《雀之灵》，可是邰丽华叉腿不到位，提腿不准确，手位不协调……甚至是关于舞蹈的一切都不能令她满意。最后，赵老师干脆就把柔弱的邰丽华独自留在排练室，自己拂袖而去。

　　此后的半个月里，邰丽华把自己变成了一只旋转的陀螺，每天除了吃饭和睡觉，其他时间都是在跳舞蹈。刚开始的时候，她只能在原地转几个圈，可是半个月以后就能转到两三百圈了。一曲《雀之灵》的节拍共有七百多个，对于处在无声世界里的邰丽华来说，要想让舞蹈和这七百多个节拍完全吻合，唯一的方法就是记忆、重复，再记忆、再重复。当重复到最后的时候，她的心里就已经有了一支永远随时为她响起的乐队了。

　　2000 年 9 月 18 日的夜晚，世界顶级艺术殿堂——纽约卡内基音乐厅内终于迎来了邰丽华充满激情和轻灵的舞蹈，顿时征服了众多的纽约观众，当时观看演出的有联大主席和联合国高官，以及 43 个国家驻联合国使团的官员。此后，音乐厅里悬挂着的一百多年来在这里演出过的世界著名艺术家的剧照中，唯一的一幅中国剧照，就是邰丽华表演的舞蹈《雀之灵》。

　　杨丽萍目睹邰丽华跳的《雀之灵》后，由衷地对她说道："我创编并跳《雀之灵》这么多年，如果听不见音乐，我都不知道自己还能不能跳出那种味道来，而你竟然跳得这么好，真不简单！"

　　邰丽华的手语翻译李琳，用三个词形容她：乐观、积极、坚强。

　　主持人则对邰丽华说："从不幸的谷底到艺术的巅峰，也许你的生命本身就是一次绝美的舞蹈，于无声处，展现生命的蓬勃，在手臂间勾勒人性的高洁，一个朴素女子为人们呈现华丽的奇迹，心灵的震撼不需要语言，你在人们眼中是最美的。"

　　邰丽华所领悟的生活真谛便是，其实所有人的人生都是一样的，有圆有缺，有满有空，这是你不能选择的，但你可以选择看人生的角度，多看看人生的圆满，然后带着一颗快乐感恩的心去面对人生的不圆满。

　　或许是这个美丽、善良、乐观的女孩感动了上苍，一次机缘巧合让她遇见了生命中的真爱。他是华中理工大学土木系的高才生，对邰丽华一见钟情，并不介意她的残缺，还展开了热烈的追求，经过长达七年的恋爱长跑后，最终两个人顺利地走入了婚姻的殿堂。

每个人的生命之旅都不是一帆风顺的，当遇到人生的不幸，并非就走到了尽头，有时候，它还能促使我们努力改变自己。只要你克服心魔，以乐观的心态去面对生活，一定会看到未来的曙光。乐观的心态好比一眼活泉，不管境遇如何，总能新水不断，汩汩流淌。心态乐观的女人，她的生活必定是如沐春风，如照艳阳，那种享受，无可比拟；她总能看淡生活的不顺，令许许多多的愁情烦恼都在这乐观的艳阳面前消失得无影无踪；她追随生活中的希望，即使四周是绝壁，也能找出突破空隙的地方。总之，一个聪明的女性，不但有过人的智慧，还要善于抉择，积极地应对人生的一切得与失，始终保持乐观的心态，让自己的生活过得更精彩。

微微一笑，百媚生

一个容貌姣好的女性，缺少微笑始终是令人遗憾的。如果说女人如诗般美丽，那么微笑的女人就是一首清新而甜美的抒情诗。微笑如一缕春风，拂过每个人的心房，那抹美丽的笑容，能够带给人们温馨和愉悦，也能够彰显出你最迷人的气质。在国外，很多女人长相普通，她们的魅力很大程度上就是来自内心的微笑。当你走在街上，迎面走来一个又一个女人，她们绝对不会板着脸，而是会主动向你微笑示意，这些微笑都是发自内心的。微笑就像是开在女人脸上的花朵，是那么明艳动人，时刻散发着迷人的芬芳。即使你容颜老去，你的笑容也不会有任何改变，那嘴角上扬的弧度，会惟妙惟肖地把你再次带入曾经度过的美好时光。

你可知道，一个美女的微笑是多么珍贵？从古至今，为博红颜一笑，多少男儿倾尽一世柔情。还记得"一骑红尘妃子笑，无人知是荔枝来"这句诗吗？杨玉环国色天香，集三千宠爱于一身，连带她的家人都深受皇帝恩宠。不过，有一次她恃宠而骄，得罪了唐玄宗，他一怒之下，便遣她回娘家。可是，贵妃出宫后，玄宗却寝食难安，朝思暮想，只好又叫高力士召她回宫。杨贵妃回宫后，更得圣宠。听说她爱吃荔枝，玄宗为博她一笑，就派人快马加鞭去海南运送荔枝进宫。可是，当时交通不便，从海南到长安城有数千里之遥，运得慢了，荔枝就会腐烂。于是，士卫们日夜兼程，路途中不知累死了多少匹战马，才把新鲜的荔枝送到宫中供贵妃享用。吃过这些荔枝，杨贵妃终于露出了妩媚的笑容。

还有就是周幽王为博褒姒一笑烽火戏诸侯的故事。据说，周幽王好美色，下令广征天下美女入宫，有一个叫褒姒的女子，能歌善舞，容貌倾城，深得周幽王喜爱。可褒姒虽然生得妩媚动人，却冷若冰霜，自进宫以来从来没有笑过一次。周幽王为了博褒姒一笑，不惜想尽一切办法，可是她始终都不笑。为此，幽王竟然悬赏求计，谁能引得褒姒一笑，就赏黄金千两。这时，有个佞臣叫虢石父，替周幽王想了一个主意，提议用烽火台一试。烽火本是敌寇侵犯时的紧急军事报警的信号，由国都到边镇要塞，沿途都遍设烽火台。一旦敌寇进袭，首先发现的哨兵立刻在台上点燃烽火，邻近烽火台也会相继点火，向附近的诸侯报警。诸侯见了烽火，知道京城告急，天子有难，必须起兵勤王，赶来救驾。周幽王采纳了虢石父的建议，马上带着褒姒，由虢石父陪同，登上了骊山烽火台，命令守兵点燃烽火。一时间，狼烟四起，烽火冲天，各地诸侯一见警报，以为敌寇打过来了，就带领本部兵马急速赶来救驾。可是到了骊山脚下，却连一个敌兵的影儿也没有见着。幽王这才对大家说，这儿没什么事了，不过是本王和王妃放烟火取乐。诸侯们才知被戏弄，怀怨而归。褒姒见千军万马招之即来，挥之即去，如同儿戏一般，觉得十分好玩，禁不住嫣然一笑。周幽王大喜，立刻赏虢石父黄金千两。虽说周幽王的做法很昏庸，可是却说明了女人的倾城一笑对男人有着多大的魅力。女人最美的还是微笑，它如同女人隐藏着的珍宝，偶尔展示给别人看，别人会觉得惊艳，对你念念不忘。

朱自清先生就很好地诠释了女人的微笑："女人的微笑是半开的花朵，里面流溢着诗与画，还有无声的音乐。"蒙娜丽莎那永恒的微笑足以让一代又一代的人着迷，并用尽心血去研究。那抹永恒的微笑里蕴含着深情，是那般祥和、那般迷人，让人从眼里到心里都是甜蜜的影子，就像一朵昙花在夜晚霎时绽放，令人为之倾倒，为之迷醉。有这样微笑的女人是温柔的，唯有一颗温柔的心、一份恬静的心境才会生出如此令人惊心动魄的微笑。将世间最美的情怀绽放在那甜蜜的微笑里，足够让人去回味一生、珍藏一世。生活中，微笑的好处很多，它可以将你变成快乐的天使，展开翅膀飞翔在梦想的天空；它会使你看起来更有气质；它可以改变你的坏情绪，帮你减压；它还可以让你看起来更年轻，永远保持积极的心态。

我的闺蜜梓琳就很不明白为什么面试时输给了一个其貌不扬、学历又比她低的女孩。梓琳很漂亮，也有气质，可是她为人有些高傲，有时对人冷如冰霜。我当然了解她，就问道："那个和你一起面试的女孩，一定还有什么地方是讨人喜欢的吧？！"梓琳想了想，终于说道："她笑起来倒是挺好看的。"这就是根本所在了，那个女孩的优越之处就是微笑！微笑的女孩有大海一般宽阔的胸襟，还有一份坦然面对生活的心境。这样的女孩，不会因生活中的得失而悲喜不定、潮起潮落。她的微笑如一缕夏夜的凉风带来了清凉的慰藉，也如一抹冬日的暖阳时刻温润你的心房。因此，她的微笑为自己赢来了别人的赞赏以及一份理想的工作。

美琦也是一个很好的例子。她告诉我，是微笑改变了自己本来惨淡的人生。她曾经说过感到了生活危机，先是夫妻感情平淡，孩子又不听话，连上班也与同事们相处得很不愉快，总之满腹牢骚。可是隔了段时间再见她时，她仿佛变成了另外一个人，眼前的她光彩照人，嘴角还挂着一抹动人的微笑，那笑容犹如桃花初绽，灿烂夺目。因为有人对她说，笑对人生，你就会发现很多事情变得不一样。于是，她一大早起来，第一件事就是对着镜中的自己微笑，然后，对临去上班的丈夫笑着说："今晚早点回来，我给你做最爱吃的糖醋排骨。"她的丈夫起初有些惊愕，随即也对她报以一笑，还温柔地亲吻她的脸颊以作回应。从此，她惊喜地发现，夫妻之间的感情增进了不少，仿佛又找到了初恋的感觉。当孩子做错事，她不再单纯地指责与谩骂，而是耐心地和他讲道理，并微笑着说："没关系，下次改正就好。"美琦不仅控制了情绪，还让孩子得到了正面的教育，孩子其实是很乐于接受这种教育方式的。到单位上班，遇到同事，她也会笑脸相迎，迅速地拉近大家的距离，工作中不小心做错事，当领导发怒指责她时，她仍以微笑去面对，并为此道歉。微笑是彼此心灵沟通的钥匙，它能够打开人们心灵的窗户，笑容能够缓解尴尬，能抚平人们心中的怒火。下班回家时，美琦一改常态，还对着小区的保安笑着打招呼。她发现，微笑能让人感到亲切、友善，能够消除人与人之间的距离。一个女人即便不说话，她的魅力也能通过微笑传递出来。以上种种，真的改变了美琦的生活，让她变得更快乐、更幸福。因此，你努力微笑待人，就会获得一种至高无上的快乐。

微笑就像一朵永不凋谢的鲜花。一个人的面部表情比穿着更重要，笑容能照亮看到它的所有人，像穿过乌云的阳光，带给人们温暖。宴会上，一个穿着貂皮大衣和名贵晚礼服的美艳女子，如果她神情孤傲，对人冷若冰霜，远不如一个穿着普通，脸上洋溢着微笑的女子更受男士的欢迎。一个女人真诚的笑容透出的是温暖、宽容、柔情，还是一种自信和力量的表现。微笑会给喜欢你的男人带来妩媚与温暖，也给他的心灵带去阳光和感动。男人们更欣赏性格开朗、时刻带着笑容的女子，而不愿意刻意去讨好一个整日愁容满面的女人。因为当他心烦意乱时，你一个鼓励的微笑就可以让他走出情绪的低谷，所以，千万不要吝啬你的微笑。

如果你想让自己更有魅力，不妨多一些坦诚，微微侧下你的头，微笑着面对你的人生吧！有很多职业都需要微笑，比如商场售货员、空姐、饭店服务员、银行柜员等，其实不管你从事什么职业，只要你面带微笑，就会让你富有魅力。

女人的微笑要永远挂在幸福快乐的脸庞上，才能成为生活中永远绚丽夺目的花朵。

在爱情面前，不能失掉自我

　　身为女人，年少时都会对爱情抱着许多幻想，特别是天性浪漫的女性，总是期待着能遇到自己心目中的白马王子，谈一场轰轰烈烈的恋爱。女人天生比男人感性，面对爱情时，很多女人会失去理智，当她爱一个男人爱得如痴如醉时，会对他说："我不能没有你！没有你，我简直无法想象以后的人生会怎么过！你说我的朋友不喜欢你，为了你，我可以不要这些朋友；你说我的父母不喜欢你，为了你，我也可以离家出走，和你一起生活；你说你不喜欢我身上的缺点，请你列出来，我会为了你全部改掉。总之，你不喜欢的事情，我绝对不会做！"

　　这时，你以为你所爱的男人会被你感动得痛哭流涕吗？其实正好相反，你让他觉得很有压力，因为你的这份爱太拼命，让他感到力不从心。当一个女人为了爱情可以抛弃一切，失去自我，甚至不惜众叛亲离，如飞蛾扑火般地不管不顾时，男人其实根本承受不起如此炽烈的感情。

　　我还在私企工作的时候，有一位女同事突然说她失恋了，令我感到很惊讶，因为上个星期，她刚跟我们说自己准备结婚了。当时，她正忙于装修新房，并且还定好了拍婚纱照的日期。一切都如此圆满，我们都等着喝她的喜酒。然而，那个男人竟然说变就变，出其不意地提出分手，令她不知所措，因为他是她的初恋，两个人在一起已经有八年的感情了。她不甘心，极力试图挽回爱情，可他却说："我和你在一起不开心，我害怕婚后会负太多责任，我的压力很大，我们还是分手吧！"先不说那个男人是否得了婚姻恐惧症，可是他那几句不负责任的话，却毁了一个女人八年的青春！八年，说长不长。可是一个女人有多少个八年？况且，那八年是女人最美好的时光。八年的感情都可以转化为亲情了，为何男人可以说断就断？他究竟想要一个怎样的女人？女同事长相不俗，身材优美，是一个有着不菲收入的女白领。她待人真诚，处事圆滑，并且对他还很专一，八年的生活中也只有他这么一个男人，男人为何还不满足？还绝情到要跪下来求她放手的地步。她无数次从梦中醒来，都不敢相信已经失去他的事实。八年来，她已经习惯有他的生活。突然有一天失去他，她竟然发现自己只剩下一个空壳。

　　女同事始终无法从八年的感情中解脱出来。在他们相识八周年纪念日的那天，她买了八朵圣洁的百合花与一朵玫瑰送给曾经的男友，代表了她八年来最纯真的爱情。可是，那个男人竟然不为所动，执意让她放手，还说她这样做非常傻。我忍不住劝她，不要再做无谓的事情了！可是她说，失去他令自己夜不能寝、食不下咽，即使列举了他全部的缺点，还是放不下他。女同事之所以这么痛苦，我认为最大的原因，就是她爱那个男人甚于爱自己，因此就失去了自我。女人在爱别人之前一定要学会自爱，因为只有好好爱自己的女人，才能得到他人的爱，一个连自己都不爱的女人，是没有权利去得到男人更多和更加持久的爱的。很多女人把爱情当作人生的全部，甚至是倾尽所有，那样是极度危险的。爱情在男人的心中只是生活的一部分，还有很多东西比爱情重要，所以，如果你打算对一个男人孤注一掷，很有可能会全盘皆输。千万不要像那英那首《愿赌服输》里的歌词所唱的："原来我拿幸福／当成了赌注／输了你／我输了全部。"或许，女人真的只是男人的一根肋骨，爱情大于一切。双方的感情如果不能建立在平等的基础上，那根本就不能算是爱，勉强得到的爱也只不过是一种廉价的施舍，没有任何意义，强求一份已经不对等的感情，一厢情愿地付出，根本不是爱，又谈何幸福？若是感情无法挽回，也只有忘记过去，你才会活得更幸福。完美的爱情不过是女人的想象，千万不要被表象所迷惑，男人没有最好的，只有最适合的，若是发现彼此并不适合，不如及时放手。

女人切忌被爱情掠夺了心智。在爱情中，我们可以尽情享受它的美好，但在心底也要埋下一条底线，不能让人轻易触碰，并保留你起码的理智，绝不能愚昧地把自己作为男人的附属品。有些年轻的女孩一旦陷入爱情，就什么都不顾了，全部心思都花在男朋友的身上，觉得他就是整个世界，一旦见不着他，就想他；一旦闲下来，就要去找他。除了跟他在一起，做什么都没心思，她的生活中只有他，对别的任何事完全没有兴趣。还有一些女人婚后贤惠善良，对待自己的男人宽容大度，处处为他着想，甚至像一个母亲溺爱孩子一般忍受他的种种，将他照顾得无微不至。其实，爱一个人要学会适可而止，学会收放自如，不要爱得太多，只须爱得正好。如果把爱情当成人生的全部，一旦失去，你就会觉得失去了整个世界；也不要让爱情成为你人生的唯一，如果只会低眉顺眼，小心伺候，一味地忍让，换来的只会是心碎。女人的幸福要靠自己争取，不要试图依赖别人，更不要让他人左右你的生活，切记爱情不等于永久的幸福，别拼命爱，请从容爱。一个理智的女人，谈起恋爱来应该从容不迫，虽然爱他，但不会爱得天崩地裂、海枯石烂，即使日后分开，也不会哭得死去活来。她会重新收拾好心情，继续上路，也许在人生下一个转弯处，就会遇上另一份更适合自己的爱。

虽然爱情是伟大的，但在我们生命中，仍然有很多东西值得我们去珍惜。女人爱得越从容，心便可以越理智。很多女孩因为某个男人痛苦且消极地活着，她们不明白，她为他改变了那么多，他为什么还是不爱她？其实，你根本没有义务为谁去改变，更没有义务去为难自己。一个真正爱你的男人，他会尊重你、欣赏你，而不是挑剔你。他若真的爱你，他只会怕没有本事照顾好你，如果他事事与你计较，随便对你发脾气，那说明他只爱自己，没有爱你的本事和能力。一个不懂得欣赏你的男人，没有资格让你为他伤心难过。每一个女人都有自己的优秀之处，他不会欣赏，就找个欣赏你的人。无论如何，女人千万不要践踏自己，不要以为委曲求全就能换来一个男人的爱情。离开那个不懂得欣赏你的男人，要知道，男人不是女人生活的全部，与其让自己陷入一段无望的爱情中，不如坚决地转身，充实自己，让自己投入到工作和学习中，等待自己华丽的蜕变。很多女人因为爱情失去自我，还有一个很大的原因就是对自己没有信心。特别是那些已婚女子，把丈夫当作全部生活的重心，总在担心某一天他是否会嫌弃自己，或者被其他年轻女子抢去。其实，女人只要懂得保养自己，时刻注意提升自己，就会一直是个有魅力的女人。中国香港女演员钟丽缇曾经有过两段婚姻，生过三个女儿。她最近还找到了真爱，与比自己小十二岁的张伦硕结婚了，男方还把她宠成了公主，给了她一场令无数人羡慕的浪漫婚礼。钟丽缇虽然48岁了，但是风韵犹存、美艳性感，从未对自己失去过信心。尽管有过两次失败的婚姻，让钟丽缇遍体鳞伤，但她仍然对爱情充满希望。她在微博中写道：我桀骜不驯、固执己见，但你能驾驭得了最坏的我，那么也一定会爱上最好的我，请相信我值得你爱。在某个综艺节目的现场，主持人李静问她："你还相信爱情吗？还想再进入下一段恋爱吗？"钟丽缇坚定地表示，当然相信爱情，因为她从未放弃过自己。后来，她参加真人秀《如果爱》这一档节目，与34岁的张伦硕相遇，两个人高调恋爱，又轰轰烈烈地结婚，一切美好得就像一段童话。

没有哪个女人离开所爱的男人就不能活了，你应该活得更好！没碰见他之前，你该做什么，现在依然做什么。虽然两个人在一起时很开心，但当恢复单身时，也要过得很好。你可以把每一天都安排得很充实，读书、学习、工作，或者跟朋友出去踏青、看电影。女人幸福的坐标是自己，幸福的前提是做独立的自己，你是自己唯一的救世主，别把希望寄托在别人身上。俗语说得好："靠山山会倒，靠水水会流。"人心也会随着时间而改变，女人应该懂得，靠人不如靠己，永远不要为任何男人丢失自己，更不要为了爱情而放弃事业。无论你的男人能挣多少钱，女人也应该有自己的事业，有独立的经济来源。如果想买自己喜欢的东西时，还得伸手问男人要钱，试问那样的日子如何能过得舒心坦然？即使爱情没有了，你还有本事赚钱养活自己，还有属于自己的生活。自立的女人才自信，自信才能焕发出动人的光彩。不要为了任何男人放弃自己的个性，迁就不会让他感受到你的好，恰恰相反，男人更喜欢有个性的女人。

总之，女人一定要善待自己，不要为了任何男人省吃俭用、委曲求全，你要做的是每天都把自己打扮得光鲜亮丽，用自信的微笑面对一切。美丽，不为别人，只为了自己！

会撒娇，才是高情商的女人

不要认为一个女人只要拥有美丽的外表、丰富的内涵以及良好的修养就可以完全俘虏男人的心了，恋爱中的男女还要讲究相处之道。即使感情再深的情侣，也会在生活中产生小矛盾，除了做到双方要彼此包容以外，女方最好还要学会适当地撒娇。在男人心中，撒娇的女人温柔、娇憨、可爱，面对这样的女人，他会瞬间化为绕指柔。不要以为撒个娇很容易，或许每个女人都会撒娇，但并不是每个女人撒娇都会惹人喜爱。撒娇需要智慧，更需要把握"火候"。如果人生是咖啡，撒娇就像方糖，少了会苦，多了又令人反胃。但凡高情商的女子，都懂得撒娇要撒得恰到好处。比如，一个男人眼中的"女汉子"，突然有一天变得矫揉造作、挤眉弄眼，只会让人啼笑皆非罢了；而一个无论对谁都娇滴滴的女人，未免太过矫情，也会令人产生厌恶之感。

一个不会撒娇的女人，即使秀外慧中也于事无补。相传，在太建三年（571年），陈叔宝的父亲陈宣帝出于政治需要，让性格端庄沉静的沈婺华嫁给了太子陈叔宝，成为太子妃。陈叔宝即位后，即立沈婺华为皇后。虽然沈婺华聪慧过人，涉猎经史，工于书翰，是个聪明博学的才女。然而，由于她不会撒娇，不肯献媚，且居处俭约，衣服无锦绣之饰，所以陈叔宝并不喜欢她。而随后入宫的张贵妃却截然不同，她貌美如花、妩媚动人，陈叔宝为之倾倒，因此对沈婺华渐渐疏远，却对张贵妃言听计从，甚至准许她代管后宫之政，可见，会撒娇的张贵妃更易讨得皇上的欢心。

周迅主演了一部电影叫《撒娇的女人最好命》，令我印象很深刻。剧中讲述的是，周迅饰演的大龄"女汉子"张慧多年来一直暗恋大学同学兼同事恭志强，无奈对方一直把她当成"哥们儿"。恭志强到台湾出差，遇到"软妹子"蓓蓓，瞬间就坠入了情网。此事让张慧深受打击，因为自己多年默默的陪伴竟然敌不过蓓蓓几句温言软语。于是，她决定彻底改变自己，联手上海撒娇女王阮美以及长江以南最强撒娇天团，踏上了艰辛的撒娇功力修炼之旅，誓要夺回真爱。以上种种，足以说明，学会撒娇，对一个女人来说有多么重要。

不会撒娇的女人和会撒娇的女人还有着本质上的区别，在家庭中所获得的幸福指数也颇为不同。不会撒娇的女人总是操持劳碌，每天下班回家，不仅要忙于家务，还要忍受男人不时的挑三拣四；会撒娇的女人，只需要负责指挥男人干活就行，即使每天对她的男人指手画脚，男人还甘之如饴。不会撒娇的女人很少去逛商场，就算去也都是为了男人和孩子添衣置件，而为自己挑选衣服时却都是选择价格低廉的，可换来的却是男人的嫌弃；会撒娇的女人，穿着得体，经常挽着男人的胳膊去商场，看到自己喜欢的衣服就买，即使价格不菲，男人还是会慷慨地拿出信用卡，并说只要你喜欢就好。不会撒娇的女人很少生病，有什么病痛都自己扛着，所以男人通常以为她不会生病；会撒娇的女人，哪怕只是轻微的头痛脑热，或者咳嗽几声，男人就如临大敌，紧张地要求她卧床休息，自己则鞍前马后地端茶倒水，伺候得不亦乐乎。不会撒娇的女人，纵使为了家庭付出再多，男人也会无动于衷，他甚至认为你的付出是理所当然的；会撒娇的女人，很少为家事操心，因为永远都有男人替她遮风挡雨，劳心劳力。

在相爱的人心里，撒娇是生活的调剂品，撒娇的生活才会充满情趣，而严肃的生活只会令彼此乏味，甚至产生倦意。撒娇也是一门艺术，她体现出女性的高情商，所以有人曾说高情商能挽回爱情。女人对男人撒娇，还包含着对男人的理解、赞美、鼓励和宽容。比如在公共场合，会撒娇的女人会对自己所爱的男人温柔体贴、轻声细语，充分满足他的面子，引来无数羡慕和嫉妒的眼光；当他站在露台为工作上的事烦心时，她会轻轻地从后面环抱他，给予他安慰和无穷的力量。即使两个人吵架了，她一句"我那么漂亮，你怎么舍得不理我吗"或者"又不全是我的错，明明你也错了，那么小气"！这时的她，抿着小嘴，跺着小脚，舞着小手，再加上一副梨花带雨的模样，相信心肠再硬的男人也会甘拜下风，然后就眉开眼笑地把她搂在怀里了。但是女人的撒娇，并不意味着降低人格、服软认输，不过是把自己的需求，用更有女人味的姿态表达出来而已。一个会撒娇的女人，会让恋人之间的关系变得更加和睦。

我曾经问过一个男同事，说你整天为健忘的妻子到她的单位给她送钥匙、送手机，或者回家关水龙头，你一点儿都不生气吗？可他却带着微笑和满足的表情说，有时路上也想嗔怪她，可是看到她撒娇的样子实在太可爱，就让他无论如何都舍不得责怪她了。因此，可以说女人的撒娇，也是女人征服男人的撒手锏，更能激发一个男人全部的爱。其实，女人不管多大年纪都可以在爱你的男人面前撒娇，要知道撒娇可不是小女孩的专利。即使你进入古稀之年，成为一个满头白发和满脸皱纹的老太婆，仍然可以适当地撒撒娇，真心爱你的男人一定会用宽容的心胸、善意的微笑去包容你的一切，因为没有一个男人不喜欢自己所爱的女人对他撒娇。撒娇，就像正餐后的一道水果布丁，甜蜜可人，令他留恋不已；它也是一种发自内心的幸福和圆满，不矫饰，不做作，似一道甘美的清泉潺潺流过他的心田。

虽然当今生活中，人与人之间表现得比较冷漠，但这也是一个人情的社会，相信没有谁会刻意去为难一个笑容满面的撒娇女人。在职场中，一个会撒娇的女人绝对是占优势的，在应酬的时候，客户要你喝完一杯酒，你只要用撒娇的语气说出自己的难处，那么半杯酒和一杯酒的效果就是一样的；下班高峰期，你需要搭同事的便车回家的时候，你只要对那位同事表现出友好与感激之情，那么他会觉得顺路和绕路是一样的；当你去外单位办理业务时，发现自己忘记带某份证明的资料了，你只要对工作人员撒个娇，说下回一定给他补齐，他就会答应先帮你接收资料。

有着"完美女人"之称的林志玲可谓是会撒娇女人的典范。她有着天生的娃娃音，撒起娇来会让人觉得全身酥软。当记者向她提出令人尴尬或者带有攻击性的问题时，八面玲珑的林志玲就会用撒娇来应对，记者们看到她一副楚楚可怜的样子，就不会继续追问下去了。林志玲绝对可以算得上是一个优雅大方的女人，她身上有许多特质是很值得我们学习的。

都说女人是水做的，无论多么强悍、坚毅的女人，在所爱的男人面前，都会有千娇百媚的时刻，所以说撒娇是女人的天性。一个会撒娇的女人永远是最美丽、最有女人味的，举手投足之间，都能让男人心旷神怡、朝思暮想——他愿意被她一眼看穿，甘心被她俘虏身心。在他的眼里，这样的女人端庄大方、娇俏可人，就像是一本值得一生品读和回味的书。因此，女人一定要学会撒娇，唯有如此，你才会得到男人更多的爱。

女人要学会刚柔并济

对于一个女人来说，是不是只要表现出自己的柔情万种就足够了呢？应该说，温柔只是作为女人一种特有的力量，它只构成你全部能量的一部分，实际上，女人坚韧的一面更能体现她的个性魅力。其实，只有当一位女性具备刚柔并济的性格，才是最好的品性。

现实生活中，有些女人无论经济和精神都一味地依靠男人，一旦男人要离开她就仿佛天崩地裂了一般。就是因为这种依赖，才造成男人在家庭里高高在上的局面，令女人缺乏话语权与安全感。如果这样的女人一再懦弱和忍让，只会让自己陷入苦海无边罢了。

一位惨遭丈夫出轨的贤惠女子曾向我哭诉，她对这个家尽心尽力，为了成就丈夫的事业，让他没有后顾之忧，毅然辞去了小学教师的工作，一心一意地在家相夫教子、侍奉公婆。如今她丈夫的公司终于走上了正轨，资金也越来越雄厚，然而他却在外面有了女人，无情地背叛了她。她当然想不明白，她对丈夫殷勤周到，任劳任怨，他为什么还忘恩负义，并给她带来这么大的伤害？其实道理很简单，她虽然是一个标准的贤妻良母，但她不明白，经营婚姻是需要彼此对等地付出的。她只知道无条件地迎合丈夫的需求，凡事有求必应，慢慢地将她的男人惯成一个颐指气使的老爷，然后视她为可以呼来喝去的女仆。还有，她的丈夫之所以敢明目张胆地出轨，当然是认为他自己即使错了，她也绝不会与他离婚。他知道，她若是离开了自己，她将一无所有。不过，令他意想不到的是，一向对他逆来顺受的妻子，有一天会把离婚协议书递到他的面前。

那天，她出其不意地约他去饭店吃晚餐，并事先专程去了一趟美容院，精心地打扮了自己。到饭店里点餐时，她也不再是专挑丈夫爱吃的菜肴，而是点了自己喜欢吃的。她说这是他们结婚这么多年来两个人吃的最后一顿饭，由于他的背叛，她已找律师拟好了离婚协议书，并收集到他与女秘书出轨的证据。离婚后，她会要他一半的财产，还有孩子的抚养权，相信法官一定会站在她这边。男人顿时惊得目瞪口呆，眼前的妻子仿佛变成了另外一个女人，变得那么自信。他又回忆起两个人在一起那些甜蜜的时光，以及妻子对家庭无私的付出，他终于意识到自己犯下了不可饶恕的过错，于是去乞求她的原谅，希望她能看在孩子的分上再给他一次机会。她仍然是深爱着这个男人的，便答应了他的请求，但条件就是要到丈夫的公司替他掌管财务，并辞退那个女秘书。我很欣慰，在我的开导下，她不仅挽回了自己的婚姻，还成为一个刚柔并济的女人。

在这个处处充满竞争的社会，那种自怨自艾、柔弱无助的女人早已没有市场了。男人不再能主宰女人的命运，女人也早已不是男人的附庸。女人必须要独立起来，不但要在经济上独立，在人格上也要勇敢而坚强地独立。也只有这样，才容易赢得别人的尊重，在家中也才会有更高的家庭地位。男人不会把对自己百依百顺、为他舍弃一切的女人当成宝。在他眼里，她慢慢地就会失去最初的新鲜，并且认为她没有自己就会活不下去，所以把她对他的好当成了理所当然，她的一成不变还会让他感到厌倦。而独立的女人则不同，因为她离开了这个男人，她还有自己的生活、自己的未来。她的人生不是构建在这个男人身上的，她当然理直气壮，正是因为这份独立，她才一直充满吸引力。因此，女人不能总是依赖男人，不能把自己的一切都押在男人的身上，男人需要自己的空间，被束缚的感觉会让他感到恐慌。女人也不该把全部的精力都投入到家庭中，拿一些热情出来兼顾自己的事业吧，只要不断充实自己，你会发现自己的生活会变得丰富而美好，脸上也才能时刻洋溢着自信的神采。

女人学会自我拯救和自我完善，远比渴望男人赐予你幸福和欢乐要重要得多。脚下的路，没人替你决定方向；心中的伤，你要自己学会敷药疗伤。你可以不做强人，但是一定要做强者，要坚信不管是在生活中还是在职场中，成功不是男人的专利，只要你努力了，同样可以在男人的世界里穿梭。女人在职场中还有着自己独特的优势，她们拥有美丽的外表、干练的气质、强硬的态度，在某些领域发挥着不可替代的作用。外面的世界很精彩，女人不要总想着在自己一方天地发展，有能力的女人应该对人生有着更高的追求，才会拥有属于自己的一片天空。

人生在世，总会遇到许多不平等，可无论你身处顺境还是逆境，每一个人在人格上都是平等的。女人不是天生的弱者，坚强起来恐怕连很多男人都自愧不如。国内著名演员刘晓庆曾经在影视圈叱咤风云，获得多次金鸡奖、百花奖最佳女主角奖。然而十几年前的逃税案风波，就将她的人生打到了谷底，因为她旗下的多家公司涉嫌偷税漏税，致使她债台高筑，最终落得锒铛入狱的悲惨境地。但是，她并没有因此自暴自弃，而是托朋友替她送来很多本书，她觉得正好可以利用这个时间看书写作。在狱中，她还坚持跑步、学英文，甚至洗冷水澡。直到出狱后，面临身无分文的窘迫，她也依然能保持良好的心态。这种从高处跌落到谷底的豁达淡定，不是一般人能做到的，但是刘晓庆却做到了。后来，她在朋友的帮助下得以重回影视圈，虽然又得从跑龙套的角色开始演，但是不管角色大小，她都会认真去演，因为她觉得自己还有能力有机会靠演戏养活自己，并且能够偿还债务，已经是很值得庆幸的事了。

"人生的起伏是难免的，好日子好过，但是能把坏日子也过成好日子的人，才是真正的牛人。"这便是刘晓庆的人生信条，出现在公众面前的她永远是那么积极、阳光、活力四射。虽说她已经是一个年过花甲的女人了，但她依然显得年轻靓丽，因此有很多人质疑她整容，可她却坚称自己没有整过，也没有刻意去保养。她的美丽秘诀就是生活方式健康、爱运动，以及不爱斤斤计较。刘晓庆曾自称是"昆仑山上一根草"，意思是说自己生命力顽强，无论身处何种逆境都能够活下去且活得漂亮。这便是女人刚柔并济的最高境界了，所谓柔中有刚、柔韧有度，它会使女人散发出一种足以让男人一往情深、忠贞不渝的魅力。

作为女人，我们要以豁达的态度生活，用真正的实力说话，才不至于被别人践踏。自强自立是女人自信的首要元素，没有独立的经济来源，没有独立的感情世界，女人就永远如男人的衣服一般，迟早会面临被丢弃的危险。有独立精神世界的女人可以用自己的方式展现属于自己的美丽，但在追求独立人格的同时，也不应该放弃女性温柔的一面。男人需要女人的温柔，因为这温柔里包含着宽容和善良，它是一种无可比拟的美，也是一种高尚的力量。

一个刚柔并济的女人，不仅有一颗坚强的心，还有着十足的女人味。无论是处在人生的辉煌时期，还是处在人生的低谷，她的内心始终那么沉着淡定，闪现出女人特有的光环；她可以独自撑起一个家，即使没有男人，她也可以把家园建设得很美好；她会坦然面对生活的不如意，忘记消逝的人和事，与其沉溺过往，不如沐浴晴朗，扔掉悲伤和孤寂，摆脱无助和漠然。坚强的女子并非无坚不摧，而是会自我调节，然后踏着坚定的步伐继续前行。

温婉的女子让人喜欢，坚强的女子令人敬重，当她既温婉又坚强时，她将无往不胜！

第七章

充实自己，做内外兼修的真正女王

阅读，做知性优雅的女人

　　没有人否认，一个女人拥有漂亮的脸蛋和魔鬼的身材会令人着迷，但是如果她不能兼备内涵和气质时，仍然是一种缺憾。由于互联网的飞速发展，视听艺术更快捷地替代了文学阅读。据统计，国内每年的人均读书量竟不到五本。因此，很多年轻女孩都远离了书房，她们只注重外表的修饰和打扮，却忽略了内心的修炼，难免流于浮躁与肤浅。即使她们能依靠美貌一夜成名，也会如昙花一现，留给人们的只是一个模糊的身影，用不了多久就消失在人们的记忆中了。就如人们会永远记得才貌双全的林徽因、张爱玲和萧红，但很少有人记得曾美极一时的胡蝶、林黛，甚至是阮玲玉。因此，注重内在的修炼，对气质女性来说是至关重要的。

　　读书是改变一个女人气质最直接的力量，也是丰富她内在最有效的方法。严歌苓在一篇文章中写道，读书使她们产生了一种情调，这情调是独立于她们物质形象之外而存在的美丽。我们能清楚地看到她们美丽的气韵，那是抽象的、象征化了的，因而是一种超越了具体形态的美丽，是不会被衣着和化妆强化或弱化，也不会被衰老所剥夺的美丽。这种美丽是一种没有保质期的存在，时间或者地心引力都带不走它。但这并不是说，任何一个女性，只要包里放两本书就可以"腹有诗书气自华"了，书不是饰品道具，书是精神食粮，需要批判性地接受、咀嚼、沉淀，才能更好地吸收。

确实，一本书是需要静静地品读的。当你阅读一本好书的时候，它会带你走入不同的世界，穿越不同的国度，甚至是经历不同的时代。书就像你的一个朋友，向你倾诉他的苦恼，袒露他的隐私，还有反思他的悔恨。你会不知不觉地随着书中的文字，被带进一个思想和反省的境界里去。因此，读书无疑是最能净化思想的一剂良药，在书中的世界，我们既可以观察别人也可以审视自己。

读书，会让我们受益良多。首先，通过阅读能使你从无数正反面的故事中，吸取经验教训，形成正确的三观；其次，阅读能帮你开阔视野，不再局限于生活中的一隅，而是无拘无束地畅游古今中外；再次，阅读还能抚慰你的灵魂，让你的心灵得到温暖，鼓舞你去创造更美好的生活；最后，便是让你的心灵更加豁达从容，经历一个从"不知道自己不知道"的肆意轻狂，到"知道自己不知道"的谦虚谨慎的过程。其实，当我们被生活的压力所迫时，需要的不是娱乐至死的放松，而是那段美好的文字与思想，因为只有它们才可以升华我们的情感，释放我们压抑已久的情绪。

从阅读习惯来看，多数女性更喜欢阅读诗词歌赋、经典名著来陶冶情操。其实，女性也需要放眼世界，不管是理财方面或是政治方面的书籍，都有值得我们学习之处。在广泛阅读的同时，我们还要善于思考，既不盲从，也不偏执，才能拥有丰富而广博的心灵。当遇到一本适合自己的书时，你会发现自己的心情是平静和愉悦的，而且那本书里蕴含着高深的智慧，不久之后就会转化成你在社交中的资本。

一个喜欢看书的女人，她必定是充满智慧、出口成章且知性优雅的。寻常的日子里，她总要去书店挑几本自己喜欢的书籍带回家，然后让自己徜徉在一本书的世界里，那里不仅有让她感动的故事，还能教会她许多人生的哲理，让她学会以一种平和的心态去迎接生活里的痛苦与快乐。或者，她在文学里写意，捧着一杯淡淡的香茗，静静地与时光对饮。从此，她的一颗尘心，就会历练得越来越安宁，越来越单纯，不再抱怨生活，不愿沾染纤尘，只愿静静地细数光阴。唯有心静了，才能听见花落的声音；也只有醒悟了，才能明白生命的真谛。

阅读，可以改变你的思想，使你的生活变得更加丰富。有时，一本书甚至可以影响一个人的一生。小时候，我就是看了《安徒生童话》，然后喜欢上插图绘画与编写故事。上了初中，琼瑶的小说《一帘幽梦》又让我产生了何不尝试自己写小说的念头。于是，我就动笔写了许多长篇、短篇小说，后来终于出版了我的第一部长篇小说《凤凰纪事》。还有许多书籍对我的写作生涯提供了极大的帮助，比如《红楼梦》《飘》《倾城之恋》《挪威的森林》《红与黑》等。写作就是一个厚积薄发的过程，是一项将积累的精彩释放的过程，想要获得深厚的积累，就必须读万卷书。

书，虽然不是胭粉，却会使女人容颜常驻；虽然不是武器，却会使女人所向披靡；虽然不是羽毛，却会带着女人飞翔。书不是万能的，却能使女人千变万化。书读得多，容颜自然也会改变。许多时候，你可能以为那些看过的书籍都会变成过眼云烟，其实它仍是潜在的，在你的气质里，在你的谈吐上，当然也可能显露在你的生活和文字里。书与女人相映生辉，它会帮你成为一位谈吐文雅的女子，轻松收获别人的好感，并给人一种气质不凡的感觉。

我们都希望自己能成为这样一个知性优雅的女性：有着丰富的内涵，即使素面朝天，依然高贵雅致，由内而外散发出一种淡淡的芬芳；兴趣广泛，精力充沛，在瞬息万变的社会中总是出现在最前沿；无视岁月对自己容貌的侵蚀，努力追求自我价值的实现，让自己散发出一种涵养，一种学识，一种高雅的品位；积淀了内敛的心灵，妩媚温婉的回眸总能令人一见倾心，并将女人的特质发挥得淋漓尽致。

一个知性优雅的女子，不仅要注重服饰的得体，还需要美化自己的灵魂。或许美化灵魂还有不少途径，但我想，阅读应该是其中最易实现的一条。正因为有了书的浸染，才有了温润、雅致的女人，令她举手投足间都流动着知性的气韵。只要养成了每天阅读的好习惯，就会让你有一种如饥似渴的感觉，就像不吃饭会饿，不喝水会渴一样。而当你全身心沉浸到文学世界中时，你整个人就会觉得快乐与满足了。

读书，会使一个女人变得睿智与谦和，它与气质也是息息相关的。长期浸润书香的女人，身上自然就有了书卷气，而拥有书卷气的女人言谈举止间总透着一股文化气息与修养。其实，用文化造就自己，用文化装扮自己，远比眼花缭乱的服饰与化妆品更有意义。

书艺才情，彰显你的艺术气质

日常生活中，你会发现，有很多学艺术的女子，或者只是工作和艺术沾边的女子，她们都非常有韵味。即使是长相普通，身材不够高挑的女子，她们身上也会散发出一种独特的艺术气质，令人看起来赏心悦目。

从古至今，对于一个美女的最高评价，莫过于琴棋书画样样精通。一个有才情的女人，就如同一盏好茶，闻起来充满阳光雨露的气息，细细品味，那淡雅的香味则沁人心脾，弥漫全身，令人回味无穷。

娱乐圈中有很多女明星虽然面容精致，可身上就是差了那么一点儿艺术气质，令人觉得肤浅，并不耐看。在我的印象中，刘亦菲却是与众不同、清新脱俗的女演员。可能是从小就学习舞蹈的缘故，她天生就具有明星的光环，被影迷称为"神仙姐姐"。还有汤唯，她的容貌算不上出色，但是却越看越有味道。她给人一种优雅、温婉、知性的美，最重要的是身上还具有一股很浓的艺术气质，就像一条平缓清澈的河流，慢慢地流淌至你的心里。据了解，她的父亲是一位知名画家，本来她打算将从父亲那里沿袭下来的绘画天分发扬光大，奈何后来又迷上了演戏，最终选择了演艺的道路。不过，绘画这一爱好却为她增添了另一种艺术的魅力。

具有艺术气质的女人都比较多愁善感。她们感情丰富，容易动情，也容易被感动，见到任何事物都能掀起心中感情的波澜。她们娴静内敛，举止优雅，从不孤芳自赏，有着一颗琉璃般清澈透明的心，就像一杯美酒，令人沉醉与回味。她们都喜爱音乐，但绝不是附庸风雅，音乐对于她们来说，就像空气一样必不可少。她们甚至会把音乐当成一日三餐，餐前小菜是流行音乐，正餐是歌剧片段，甜点则是钢琴曲。华灯初上之时，听上一段婉约的乐章，让身上每一处都印上静谧的音符，脑海中充盈着幻想，感觉就如同看到花儿绽放。

都说女人如一件艺术品，而独具艺术气质的女人就是一件精致的艺术品，她的气质犹如空谷清泉，所行之处都散发着淡淡的清香，叫人心旷神怡。那么，如何才能给自己增添艺术气质呢？

1. 唱歌

音乐是善于表现情感，最能引起共鸣的艺术形式，唱歌则是所有音乐表演形式中最美妙、最富有感染力的一种。唱歌能释放情绪，发泄郁闷，使人心情舒畅，还可以提高女人的艺术修养和气质。那动人的歌词、优美的曲调会带你进入一个五彩缤纷的意境，使你的心灵得到净化和启迪，甚至直达你的内心深处。

2.绘画

绘画能让人敞开心扉，舒展自己内在的想象和情感。在绘画的过程中，你的观察能力、审美能力，都可以得到很大的提高。绘画，赋予了女性更多感悟美的能力，从平凡的、被很多人视而不见的事物中发现美、体悟美，并得到一种超越现实的审美观念。喜欢绘画的女人，都有着一颗玲珑剔透的心。她知道如何让自己更美丽；她善于思考，有耐心、有毅力，懂得发现生活的美和欣赏艺术的美，自然也有着良好的修养和极高的品位。

3.书法

书法艺术创作，需要一种大气，一种智慧，更需要一种底蕴，它不仅具有浓厚的文化意识，同时还蕴藏着独特的风情。会书法的女人必定是睿智的，宣纸上那笔墨的流溢和线条的腾跃，无不体现出她闪耀的个性和创作的光华；会书法的女人必定是可爱的，那些富有生命力的书法作品始终给人朝气和活力，直接表达出她的情感世界和审美理想；会书法的女人必定也是文雅的，书无百日之功，不知在多少个夜晚，她坐在青灯下，写下了一幅又一幅灵动秀气的作品。

4.摄影

摄影是艺术活动中最强调创造性和个性发挥的形式。它已形成自己独特的艺术风格，对那些和谐的美、韵律的美、比例的美、平衡的美、运动的美，通过在统一中求变化，在变化中求统一的法则来加以创造和体现。喜欢摄影的女孩与喜欢绘画的女孩一样，具有很强的观察能力和审美能力，在她们眼中，世界的每一个角落都是极富艺术美感的。

5. 下棋

"国际象棋美女"诸宸曾说，下棋是一种艺术，有一种叫作"棋感"的灵性决定着棋手的命运。诸宸美丽、聪明、端庄、沉稳，她认为美丽的女孩喜欢下国际象棋，国际象棋也会让美丽的女孩更美丽。的确，会下棋的女人专注、认真、善于思考，是那种充满智慧的女人。这样的女人落落大方，在为人处世方面都有着一颗八面玲珑的心。

6. 跳舞

舞蹈的种类繁多，比如肚皮舞、印度舞、爵士舞和拉丁舞等，它们都对女性塑造形体有着很大的帮助。不过，最能提升女性艺术气质的当数芭蕾舞了，但是这种舞蹈的专业性较高，需要很大的毅力才能坚持到底。芭蕾舞是欧洲古典舞蹈，这种舞蹈依靠脚尖表演，可以让身体变得更为柔软。当你在舞蹈时，会感觉自己仿若变成一只高贵美丽的白天鹅，沉浸在无比曼妙的奇幻世界中，而你的气质也在不断的舞蹈学习中不知不觉地提升了。

7. 弹琴

无论是弹古筝还是弹钢琴的女人都会显得十分高雅。喜欢弹古筝的女人古典、内秀、婉约、文静；喜欢弹钢琴的女人自信、端庄、优雅、灵秀。其中任何一种才艺，都可以修炼你的艺术气质。当你在弹琴的时候，上半身挺直，手指在琴键上优雅地跳跃，此时所有的情感都会被调动起来。而在专心致志地练琴过程当中，你会变得非常淡定，性情也就不会那么急躁了。

8.插花

女人天生对鲜花有一种特殊的情感，因为它不仅可以给我们带来精神上的美感及愉悦感，还可以点缀我们的生活。但是，如果只是简单的一束花，难免会让人感觉单调，这就需要我们把五颜六色的鲜花整理成艺术的形态展现出来。学会插花艺术势必会提高我们的审美情趣，最重要的是它可以让女性在插花的过程中得到气质的提升。精心地插花，等于你和自己的内心做了一次深度的交流，当作品完成之时，会让你获得一种精神上的满足感。学会插花，还能让我们在爱的世界里绽放自信，展现真我，并提升自身气场和能量。

总之，一个诗情画意的女人必须懂得生活的艺术，才能提升自己的艺术修养。多去一些具有浓厚艺术气息的城市，也能使你得到很好的熏陶，比如巴黎、佛罗伦萨、维也纳、米兰，还有伦敦。那些惊艳的咖啡馆、博物馆、剧场，以及足以成为文化景点的商店，极富浪漫气息，会令你应接不暇、流连忘返。女人若想要由内而外地散发出摄人心魄的艺术气质，就要在日常生活中不断地修炼和提升自己，不久之后，你一定会成为那个艳压群芳的独特女子。

女人在社交中的智慧

对于女性而言，若想在这个社会中更好地生存，或者为了尽快实现自己的人生目标，就必须要有充足的人脉资源。要知道，社会中的人脉非常重要，良好的人脉，会让时间的效率变高，并能在最短的时间内把事情发挥到最大的效益，而人脉的获得必然离不开人与人的社会交往。

可是很多女性，尤其是年轻女性在社交中往往缺乏技巧，也没有意识到建立人脉的重要性。当有朋友邀请她去参加聚会时，她会说："我和他们都不认识，也不知道说些什么，如果无话可说，那将多么尴尬啊！算了，我就不去了吧，还不如在家看电视呢。"或者说："我不喜欢很多陌生人的场合，还是不去了。再说，认识他们有什么用呢？"

腼腆的女孩如果不懂得在社交场合如何与他人沟通，是无法获得更多人脉的，那么她就只能一辈子活在别人的光环之下了。实际上，不管是参加公司内部的社交活动，还是朋友邀请你去参加可以结识更多朋友的聚会，又或者是参加其他社会团体的交流活动，这些都是积累人脉的重要途径。所有成功的人都视人脉为最宝贵的财富。有一位成功人士曾经这样教育自己的儿子：成功的人有 70% 是靠人际关系，只有 30% 是靠自己的努力。

人际关系的建立对于女性来说也同样重要，特别是事业型的女子，更要多交一些对自己有帮助的朋友，并从他们的身上学到许多有用的东西。交朋友贵在真诚，利用不是唯一的目的，万一被人识破，所有的事情只会适得其反。用自己的真诚与那些有思想的优秀人士交朋友吧！我们总是先认识了身边的人，才认识了这个世界。一个人，身边有多少人，就有多大的世界；与什么样的人接触，就有什么样的世界。你的朋友圈会对你的人生有着很大的影响，如果你的朋友都是一些积极向上的人，你也会被他们感染成乐观的人；如果你的朋友都是一些悲观主义者，整天只知道抱怨生活，却不会脚踏实地地工作，那么时间久了，你也会被感染的。因此，选择朋友很重要，你如果想了解一个人，也可以从他的朋友是什么样的人来了解他的为人。

你若是想结交到更多优秀的朋友，就必须让自己在社交中脱颖而出，成为让大家喜欢，并且愿意帮助与合作的人。但是这些都需要恰当的方式与技巧，你要注意以下几点。

1. 与人交往的第一印象非常重要，它是通往成功之门的一把无形的钥匙。别人会对你的第一印象非常深刻，并在很长一段时间内都不容易改变。要给别人留下良好的第一印象，衣着不仅要得体，举止也要文雅，言谈更要大方。在适当的时候，漂亮的外表会成为你的资本，并为你的人生开启一条绿色的通道。虽然也有人说漂亮的女人都是花瓶，但是花瓶如果摆在了合适的位置，它就是艺术品。不过，值得注意的是，女人的青春美貌只是短暂的，注重内心的涵养才是长远之计。

2. 女性的灵性是从聪明上体现的。当你和朋友聊天时，知道什么时候说什么话，知道什么时候才去表达自己的意见，这些都是一个聪明女人应该做的事情。但聪明并不是说你的智商有多高，而是能够快速理解对方说话的含义。如果一个人在说一个笑话的时候，你刚听到一半就喜笑颜开，他就会觉得你很聪明。但是，即使对方讲着令你乏味的话题，你也应该微笑着聆听。

3. 幽默是气氛的调节剂，也是女人社交的超级武器。女人要学会和善于运用幽默，因为幽默的人生是乐趣无穷的，会令女人的社交生活更为丰富和快乐。女人用幽默来装点自己，会很容易获得别人的好感。但是这种幽默，不是低级趣味，而是一种高尚的幽默感，它可以消除矛盾、化解误会，使一切不利的状况出现逆转。但是，当你与朋友谈论一件趣事时，不能失声大笑，这样会显得没有教养。即便在社交宴会中，你也得保持仪态，报以一个灿烂笑容即可。

4. 在与人相处时，首要原则是要尊重他人，这一点对人际交往是否成功起到至关重要的作用。比如对方的观点或者打扮你不喜欢、不赞同，也不能针锋相对地提出批评，更不能嘲笑或攻击，你可以委婉地提出自己的意见，或者干脆避开此话题。与人交往切忌自以为是、我行我素，也不要厚此薄彼、傲视一切，更不能以貌取人；只有真诚待人才是尊重他人，只有真诚尊重，方能创造和谐愉快的人际关系。

5. 努力让自己变得更优秀，才能得到对等的社交。碰到身份、地位、权势都比你高的人，别以为你们互留联系方式，就应该彼此帮忙。你忘记了一件很重要的事情：除去彼此的交情，你能让对方帮自己的根本条件，是你也能给对方提供等价的回报。说得明白一点，也就是说你们互相帮助的前提，必须是你也有值得他利用的关系。因为这是个很现实的社会，不能怪别人残忍，你唯有全方位地提升自己，让自己变得更强大，才能得到合理的帮助。

6. 在潜意识里，其实我们每个人都渴望别人的赞美。由此及彼，别人也渴望我们的赞美。学会赞美别人往往会成为你社交的法宝，但赞美绝不是虚伪，一定要真诚。当你见到一位相貌平平的女士，却偏要赞美她："你长得太漂亮了。"对方听了不但不会有美好的感觉，反而会认为你在说违心话。但如果你从她的服饰、谈吐、举止等方面的出众之处真诚地赞美，她就会高兴地接受，并对你产生好感。因此，赞美如果不审时度势，不掌握一定的赞美技巧，即使你是真诚的，也只会弄巧成拙。带有真实情感的赞美，才不会给人虚假和牵强的感觉，既能体现人际交往中的互动关系，又能让对方感受到你对他的真诚。

除此之外，我们还要懂得如何维系人际关系，如何高效地运用人脉，尤其是身处这个瞬息万变的时代，打理好一份事业和经营好一段感情同样重要。在社交场合中，你的待人接物、个性修养才是赢得他人青睐的法宝，你的热情、真诚、殷勤、主动则是维系成功的利器。

　　一个熟谙社交艺术的女人必定懂得打造自己的交际圈，让自己可以在这个圈子中长袖善舞，这不仅是女人的自信，也是女人魅力的体现。善于交际的女人是灵活的，她能够从容面对各色人等；善于交际的女人是睿智的，她能够在广泛的人脉中左右逢源；善于交际的女人是强大的，她能够借助外力增强自己的实力；善于交际的女人是幸运的，她总能够与好机遇不期而遇。所以，女人只有懂得经营自己的人脉网络，才能创造财富，最终成为美丽一生的赢家。

自信，让你无所畏惧

女人最可悲的，不是年华老去，而是失去自我；女人最可叹的，不是红颜不再，而是自信全无。很多女人认为自己相貌平平，身材不好，就产生了自卑的心理，以致自己的潜在之美都被埋没了。或许你确实长得有些丑，甚至还有缺陷，可世间并非每个女人都天生丽质，更没有生下来就完美无瑕的女人，但是，你完全可以把自己塑造得更完美，自信就可以帮你做到。有人曾经说过这样一句话：自信是女人最好的装饰品，一个没有信心、没有希望的女人，就算她长得不难看，也绝不会有那令人心动的吸引力。这句话生动地说明了自信对女人的重要性。

自信的微笑是一种令人愉悦的表情，也是一种含意深远的身体语言，深沉地表达着一种心灵的慰藉。面对一个女人的微笑，你会被她的自信与友好所感染。一个女人要想自信，首先要克服自卑的心理，不要唯唯诺诺、自惭形秽。要知道自卑是一种消极的自我意识，一个自卑的女人是不可能正确评价自己的形象、能力和品质的，她们总是拿自己的弱点与别人的强项相比，觉得自己事事不如人，就会在人前悲观失望，不思进取，甚至沉沦了。

自卑的女人和自信的女人会有两种完全不同的心境。比如，两个肤色同样黝黑的女人，其中那个被自卑感困扰的女人，看见镜子就丧失信心，甚至痛苦不堪地呻吟起来："哎呀！我的肤色这么黑，怎么出去见人啊。"但另一个自信的女人内心却暗喜不已，她会认为，我的皮肤呈小麦色，多么健康的肤色啊。由此可见，价值判断的标准是非常主观而又含糊的。

相信不少人都看过美剧《绯闻女孩》，其中由莉顿·梅斯特（Leighton Meester）出演的 Queen B 每次以华服出场都会掀起网络热议，很多女孩都羡慕 Queen B 拥有永远充满新衣服的衣橱。而在现实生活中，Queen B 确有其人，她的原型就是红遍美国的名媛奥利维亚·巴勒莫（Olivia Palermo）。众所周知，她的父亲道格拉斯·巴勒莫（Douglas Palermo）是美国康涅狄格州的地产大亨。从小就在上流社会长大的她深谙时尚穿衣之道，是一位跻身于纽约上流社交界的新星。不过，她的身高只有 162 厘米，在众多拥有高挑身材的西方女孩中，她无疑算是比较矮的。不仅如此，她的胸部并不丰满，腰部也较粗，身材显得没有曲线。但是，只要她穿上衣服，就能成为时尚的弄潮儿！因为她只有 162 厘米的身高却穿出了 180 厘米身高的视觉效果，她用黑色的喇叭裤搭配高领毛衣，外穿一件酒红色的条纹大衣，尽显女人的优雅大气，还让她的双腿看起来又细又长。我相信，让奥利维亚·巴勒莫充满魅力的不只是身上的华服，还源于她的自信。当女人的内心足够强大、自信时，无论从衣装、言谈还是举止来看，都能由内而外散发着奕奕神采，一颦一笑都魅力四射。奥利维亚·巴勒莫的魅力还征服了来自德国的超模约翰内斯·徐贝尔（Johannes Huebl），他有着一张五官深邃的俊美面孔，与奥利维亚初次相识便一见钟情,开始了两个人金童玉女式的爱情。

这时,或许你会酸溜溜地想,奥利维亚家财万贯,这便是她自信的资本,而我只是一位平凡的女性,没有美貌,没有才华,让我如何能够自信起来?其实,每个人都会有自己的优点及缺点,我们要善于发现自己的优点,才能取长补短,只要把自己的特长发挥到极致,你就会拥有无比的自信心。对生活充满信心,在人生的舞台上,你就一定能收获一份属于自己的精彩。自信心能让人产生想象不到的力量,当一个女人拥有了自信,她就会自然而然地散发出一种超凡的气质。

20世纪60年代,模特界有一个极有影响力的模特叫崔姬(Twiggy)。她出生在英国伦敦北郊的一个中产阶级家庭,父亲只是一名木匠。"Twiggy"原本是她的一个绰号,因为她身材较矮,胸部未发育,双腿瘦骨伶仃,看起来好像一个用树枝拼出来的小假人。但是,自从她在姐姐工作的理发店里结识了男朋友贾斯汀(Justin)后,她的人生就发生了翻天覆地的改变。贾斯汀从前当过模特、古董交易商和发型师,他对崔姬充满信心,认为她天生就是做模特的料,于是安排她给年轻的摄影师巴里(Barry)做模特。那一天,崔姬舍弃了一头长发,由发型师剪成了一头短发,然后穿着色彩鲜艳的衣服,坐公交车去到巴里的摄影工作室,准备为理发店拍摄橱窗展示的照片。崔姬的出现引起了巴里深厚的兴趣,他觉得镜头前的这个女孩子很特别,她顶着一个男孩的发型,瘦得没有女人的一点曲线,大眼睛上还戴了三层假睫毛,对着镜头有种受惊的表情。于是,他为她认真地拍摄了许多独具创意的照片。没想到,巴里拍的照片被《每日快报》发现,并评论崔姬有"一张能代表1966年的脸"。

很快,这个只有17岁的女孩子就成为当年最具知名度的模特,并频频出现在各种报纸杂志上。一个身高只有167厘米,体重只有 82 斤，没有胸部曲线、没有腰线、没有臀线的女孩完全颠覆了人们的审美观念。在此之前，没有人觉得这样的女性是美丽的，崔姬被英国媒体塑造成一个反叛的形象，成为所有想摆脱一成不变生活的家庭主妇们的偶像。她自由、独立、没有曲线的形象反而成为新一代职业女性的象征。贾斯汀又以崔姬命名注册了实业公司，安排她拍封面、出唱片，还推出自己的服装品牌。在英国大获成功之后，贾斯汀又带崔姬去到巴黎，让她成为时尚杂志的封面女郎，迅速将崔姬的影响力成功地从英伦小岛扩大到整个欧洲。可喜的是，崔姬在美国纽约甚至比在欧洲更加走红，几乎每个摄影师、每个杂志都想给她拍照。她甚至在纽约还推出了自己的杂志。在当时那个年代，媒体上出现的常常是那种世故的、优雅的形象，并认为身材玲珑有致的玛丽莲·梦露才是时尚的代表人物，可崔姬与梦露的形象简直是对立的，她的出现建立了一种全新的审美标准，还成为大西洋两岸一致认同的时尚偶像。

女人只要拥有了自信，一切都会无所畏惧。与其对自己没有信心，不如试着采取积极、肯定的态度去面对所有的问题，这样，你才能大胆尝试，并接受任何挑战。做一个自信的女人，你会发觉自己比以前更快乐，因为你觉得没有什么事能够难倒自己，你会努力改变现状，并坚定地相信自己一定可以。

自信的女人总是容光焕发、昂首挺胸，她会神采奕奕地投入到工作和生活中，勇往直前，不怕失败，用积极乐观的心态面对生活的不幸与挫折。她聪明灵慧，善解人意，在为人处世上从容大度、和蔼可亲和令人信任，所以成功总会不时地眷顾她们。

自信的女人虚心接受别人的批评，她明白忠言逆耳，指出自己不足的人才是真正的朋友，改正缺点只会让自己离完美又近了一步。即使是有人恶意地攻击和诽谤，她也会以微笑去面对，因为她明白清者自清，不经历风雨，又怎么见彩虹。

　　自信的女人在感情问题上，也非同一般。她虽然爱那个男人，但是绝不会把自己完全托付给他。一个把男人视为自己生命全部的女人，就失去了自我，也等于没有了自信。在日常生活中，她不会让男人老是报告自己的行踪，因为她坚信自己的魅力；即使他多看了周围的漂亮女人几眼，她也不会为此吃醋，还会和他一起津津有味地讨论。其实，男人最欣赏自信的女人，也会为自信的女人所倾倒。

　　自信的女人笑声如铃，尽情地享受生命的乐趣，又清醒地保持灵魂的明净。她深知阳光与黑夜的交替，即使身陷逆境，心中也存有光明和希望，遇到困难绝不气馁。她的心就像一颗种子，历尽沧海桑田，洞彻世事烟云，依然会顽强地从沙土里开出鲜花。

　　对于女人来说，当她觉得自己从容又自信时，就会散发出一种气定神闲的力量，那是一种经过历练的成熟与魅力，让人不由自主地想靠近，就像冬日的暖阳般照耀到他人的心房。

业余爱好能使心灵丰盈

　　女人在人生中要扮演多种角色，很多女性要工作还要兼顾家庭，就像一个忙得找不到方向的陀螺。但是，你有没有想过，自己忙忙碌碌一生，有没有做过自己喜欢的事情？我们都知道，任何东西，哪怕是机器，周而复始地做同一件事情最终都会崩溃。我们也是如此，如果不想方设法停下来休息，也肯定会垮掉。

　　生活是需要平衡的，人的一生中不能只有工作。有些追求事业成功的女性恨不得一天之内干完五天的工作，但是人的精力是有限的，万事都要以自己的身心健康为主。你不妨将所有的工作列一张表，自己只处理最重要的部分，其他的事交给下属去办理。同理，生活中的琐事也可以合理安排，这样你就可以腾出时间来放松自己，寻找闲暇之余的乐趣了。

　　戴尔·卡耐基曾说："人人都应有一种深厚的兴趣或嗜好，以丰富心灵，为生活添加滋味。"我认为，拥有一项属于自己的业余爱好，不仅能够为女人缓解生活中的压力和苦闷，也是一种增进人生体验、挖掘生活情趣的好方法。如果一个人连正常的爱好都没有，又会以怎样的态度来对待自己呢？

因此，我们不能一味地追求物质生活，而忽略精神生活上的需要。要做一个有气质的女人，必须要有生活情趣，有人生的追求目标。还记得我们小时候，老师问的那个问题吗——你长大了要当什么？每个人都会有自己的理想，不外乎是当画家、作家、钢琴师、主持人，或者是教师。直到长大以后，你才发现原来那些理想只是梦想，有一份稳定的工作才是基本的生存之道。或许有人会说，如果连基本的温饱都保障不了，又谈何梦想呢？话虽如此，但是只要你还心存梦想，完全可以在工作之余，把你的理想当成一项爱好来实现。

你还可以把爱好当成自己的精神寄托。如果控制或者放弃自己的爱好，就会失去生活的意义。领悟了这个道理，才能真正地投入到自己喜欢的事情中去，并从中获得精神上的享受。下面就是几位有业余爱好的女性朋友的自述。

1. 爱好也是我的一个梦想（夏瑶，女，33岁，爱好写作）

我小时候的理想就是成为一名作家。读书的时候，我就特别崇拜那些作家，觉得他们好厉害，怎么能写出那么多精美绝伦的文字。每次做完作业，我最大的乐趣便是看小说。在看过一本又一本的小说后，我就情不自禁地萌发了自己写小说的念头。我想，兴趣正是我写作初期最原始的动力，我对写小说产生了浓厚的兴趣，脑子里充满了千奇百怪的幻想，一幕又一幕的小说情节出现在脑海里，像上映着电影，有一种强烈的冲动想把它们记录下来。于是，我就找来圆珠笔和笔记本开始动笔写起来，创作的激情排山倒海地涌来，使我心甘情愿地在每一个夜深人静的时候默默地耕耘着。

工作以后，写作就成了我的业余爱好。本来以为我写的东西只能是孤芳自赏，直到电脑和网络开始普及，使我终于有了展示自己作品的平台。我写的文章第一次得到肯定是发表在榕树下网站，有个网络写手给了我它的网址，让我投稿试试看。我抱着试试看的心情投稿了，没想到自己发送的好几篇文章都得到了发表。我对自己有了信心，又把以前写的长篇小说发到了红袖添香文学网站，也获得了较高的点击率。不仅如此，后来有编辑发现了我的小说，推荐到出版公司，使得我的文字终于成为铅字。以后我会继续创作，努力成就自己儿时的梦想。

匆匆岁月，虽催老了我的容颜，却丰盈了我的人生。其实，青春的逝去并不可怕，可怕的是失去了热爱生活的心，失去了追逐梦想的勇气。一个有梦想、有追求的女人，无论她的梦想是多么渺茫，她的心始终都是富足的。

2. 我把爱好变成了职业（文珊，女，30岁，爱好摄影）

大学毕业后，我到了一家影楼工作，每天为顾客设计相册的版面，让我觉得这样的生活很枯燥乏味。摄影一直都是我的爱好，平时只要有空，我都会细心地观察摄影师们是怎么样帮顾客拍照的，还向他们讨教摄影的技巧。后来，我又参加了专业的摄影培训班，经常和同学们到各地旅游，并拍摄了许多不错的照片。

　　两年后，我向父母借了一笔钱，开了一家规模较小的照相馆。创业很辛苦，连休息的时间也不够，但我还是挺了过来。现在，我不仅还清了父母的钱，照相馆也由一家开到了三家，最大的一家还是来自韩国的儿童摄影连锁店。虽然爱因斯坦说过，最好把一个人的职业和爱好分开，把一个人的生计和禀赋硬凑在一起，是不明智的。但我觉得目前这种状况其实也挺好，正是因为喜欢所以才愿意为自己的爱好去努力、去吃苦，如果不把它作为奋斗的目标，我会觉得很遗憾。父母本来是想让我考公务员，连单位都帮我联系好了。可是我没有考上，或许一个人对不感兴趣的事，再怎么努力也没有用。只有在感兴趣而且擅长的领域里刻苦钻研才能获得成功，因为兴趣是推动你前进的动力，你所擅长的也正是你的优势所在。我觉得自己最大的优势就是摄影，它令我的生活过得很充实，事业的成功也能令我获得成就感。

　　3.爱好能使我精力充沛（林曼，女，40岁，爱好打网球）

　　我是事业心比较强的女人，认为女人的人生中不能只有爱情，也不能太依赖男人，所以我在工作之余也在不断地学习，不停地充实自己。在我们办公室有个女同事比我漂亮，与我同级，可她的业务能力、知识水平都远不如我。但是，她总是能得到领导的褒奖，涨工资和晋升的机会都是她的。面对这样的不公平，我当然不服气，总是想要以漂亮的工作业绩来超越她。这样的好胜心让我产生了前所未有的压力，我开始感到力不从心，身心俱疲。

有一个周末，朋友邀请我出去打网球。我也想好好地放松一下自己，就欣然赴约了，没想到，从此一发不可收拾，我深深地爱上了这项运动。每一次接球的时候，我都告诉自己，一定要尽力接住，哪怕是离自己很远，也要努力地跑过去。我觉得在打网球的过程中，培养了我坚韧的毅力以及不屈不挠的精神，并让我时刻都保持着活力。一段时间以后，朋友们都说我比以前更年轻、更漂亮了，没想到打网球还有塑身的作用，我的身材也显得没有那么臃肿了。

我的爱好不仅带给我全新的能量和激情，还让我在接下来的工作中更加精力充沛。由于我的业绩突出，现在已经晋升为副总经理了。我认为，女人无论在什么位置上，都应该懂得把握自己的人生，合理安排好自己的时间，认认真真地做好每一件事。

4.爱好激发了我的创新思维（雪兰，女，25岁，爱好绘画）

父母在我很小的时候，就送我去专业的绘画班学习，因为他们发现我有这方面的天赋。于是，我大学时也选择了美术专业。可是，进入社会后，我发现要成为一名职业画家并不容易，想开个人画展，还得依靠一定的经济实力和人脉关系。万般无奈下，我进了一家广告公司当美术指导。但是，作为一名美术指导远没有单纯的绘画这么简单，我需要想很多有创意的点子，然后再和文案一起把最终的创意确定下来。文案会撰写标题及内容，而我需要把创意用视觉效果呈现出来。要做出一张设计稿，我还必须掌握设计师、插画师和三维设计师的时间，协调大家齐心协力完成这项工作。有时，客户会对我们提出更高的要求以及他们期望达到的目标，而我则要以积极有效的广告策略和对策应对。

当我缺乏创意的灵感时，就会躲在自己的房间里绘画，以排解心中的苦闷。我发现，做自己喜欢的事情时，灵感会突然闪现，本来觉得棘手的问题也迎刃而解了。如今，我越来越喜欢自己的工作，虽然离成功之路还有些漫长，但是当我的创意作品获得公众的喜爱，帮助客户成功销售产品时，所体会到的自豪和喜悦是无可替代的。

以上四位女性朋友的心得体会，让我们懂得，爱好对每个人来说都是十分重要的，它会使我们更热爱生活，热爱身边的每一样事物。不过，爱好只是业余生活的一部分，并不能完全取代自己的生活与工作，因此不能过于迷恋、过分执着而舍本逐末，忘记了生活的本质。我们应该让它点缀自己的生活，提升生活的品位，丰富我们的内涵，这样才能让我们的人生变得更加丰富与精彩。

保持永恒气质的秘诀

女人可以凭借漂亮的容貌吸引众人的眼球，赢得极高的回头率，但真正能让人们为之倾倒的，却是女人富有韵味的气质。况且，容貌的美犹如水中月、镜中花，经不起岁月的侵蚀，只能在众人的感官上留下短暂的美感，但气质却是永恒的，气质的美会在人们的心灵上留下无穷的回味和永久的记忆。如果一个美丽的女人没有气质，即使她有再精致的面孔也会显得苍白和单薄。女人的气质看似无形，实则有形，它是通过一个人对待生活的态度、个性特征、言谈举止表现出来的。气质固然有先天的因素，但多半还是来自于后天的培养，它包括一个人的文化、修养、举止、谈吐等。

我们经常会觉得某个女人总是那么高贵、优雅，清秀或者脱俗，那都是源于她的气质而非美貌。那些天生丽质、美艳绝伦的女人毕竟是少数，如果我们懂得以化妆修饰、得体的打扮、优雅的举止来弥补自身的不足，就可以让自己的形象得以美化，成为一位气质高贵的女人。不过，如果一个女人只知道穿衣打扮，生活的内涵却是空洞的，那么她也无法与气质沾边，只有丰富的内涵和修养所赋予的气质才是恒久的魅力。

要做一个有气质的女人，我们就要经常修饰和改善自己的外表，多关注时尚服饰类杂志，找到最适合自己的着装风格。当女人拥有外在的美时，她才会变得自信，女人一旦自信起来，就有了开创更美好的生活的底气。美好生活令无数女人向往，可有些女人为了一时的安逸，企图用青春美貌吸引他人，以换取享乐的生活。然而，无奈刹那芳华尽，弹指红颜老，曾经时刻追随身后的那些男人转眼便会不知去向。有些女人想嫁入豪门，却不知婚姻不仅需要经营与维系，还需要她具备一种永恒的吸引力，才能让那个优秀的男人一生守候。还有一些女人，她们经济独立且宽裕，有自己的事业，还有自己的社交圈子。她们明白，女人虽然以家庭为核心，但是不能整日围绕着丈夫和孩子转，需要有自己的生活圈子，即使是一朵娇艳的玫瑰，也要经常接受阳光和雨露的滋润。对于前两种女人而言，幸福和快乐很可能会转瞬即逝，而后一种女人，不但能够获得人生的成功，同时还能让幸福和快乐成为永恒。

我们不用惧怕年龄，只要懂得展现自己，令自己更时尚、更优雅，就会显得比实际年龄年轻。要记住，保持美丽与年龄无关，但与内心的愉悦有关。明媚的微笑能使女人更美丽，因此要时刻保持好的心情，脸上的皱纹也才会相应减少。虽然生活总是错综复杂，有太多无奈的事情令我们灰心丧气，但只要我们保持良好的心态，就能发现和体会到生活的美好。

很多女人都是感性的，所以生活中需要有爱情的滋润。据说，有人问法国女人年轻的秘诀是什么？她们很多人回答是爱情。或许是她们崇尚浪漫的生活，时刻保持对生活的激情，并善于制造生活的情调，所以才会显得这么年轻漂亮。我们可以像法国女人一样妩媚多情，但不要在爱情面前失去自我，因为女人还需要自强自立。女人令人着迷之处还包括她的见多识广。读书可以增长见识，旅游可以拓展视野，眼界可以决定境界。一个有智慧的女人要有学习的觉悟，无论处在任何阶段，都必须不断地充实自己。你只有变得更优秀，才有能力把握自己的人生。

时光荏苒，我的年龄也在逐渐增长，可是我觉得自己无论容貌和心境都没有发生太大的改变。很多不熟悉我的人，甚至以为我刚刚大学毕业，是刚步入社会工作的年轻女孩，因此，她们都很奇怪我是怎么保养的。现在我就和你们分享一个列表，列表里记录着我的生活中那些有形或无形的事情，这便是我寻求的保持永恒气质的秘诀。

——每天都要打扮得优雅得体、清新亮丽，出门前照照镜子，然后对自己微笑。

——反复穿喜欢并且漂亮的衣服，它们会给我带来自信的力量。每到一个季节，我的衣橱里总会添加几件新款的衣服，但是重质量，而不是数量。一件经典的品牌衣服其实比流行的低价衣服要划算许多，因为能有效利用它们的时间很长，而流行的低价衣服总是不断地被淘汰。

——手是女人的第二张脸，每天晚上睡觉之前我都要涂护手霜。平时洗碗的时候，戴上塑胶手套，保护好自己的双手。

——差不多每天都会喷洒一些香水，并不需要特别的理由。我喜欢买各种味道的香水，以配合不同的服装。夏季，我喜欢用清淡的花香型香水；冬季，我则喜欢用浓郁型的香水。

——利用周末的时间参加健身俱乐部的活动，既能放松心情，又能锻炼身体，因为运动不仅可以塑身，还可以延缓衰老。

——每一年的公休假，我都会选择去另一个城市旅游，在经济宽裕的情况下尽量选择去国外，体验不同地域的风情与文化。旅游真正的意义，是在想象之外的环境里，去改变自己的世界观，从而慢慢改变心中觉得真正重要的东西。

——世上没有丑女人，只有懒女人，一个打扮得体的女人会带给男人美好的感觉。因此，干净整洁对于女人来说非常重要，身体的每一个部位，就连手指甲和脚指甲也要保持光亮迷人。

——我每个月都要抽出一天时间，与几个闺蜜小聚。除了去逛商场，还会在一起吃饭。我们喜欢选择有格调的餐厅，点上一桌佳肴，几杯饮品，把憋在心里的话一吐为快。

——我对鞋子的选择比较慎重，流行的款式很快就会过时，经典款式的鞋子事实上更实用。购鞋子时一定要试穿，因为鞋子舒不舒服，只有脚知道。而名牌的鞋子相对比较耐穿，不要贪一时的便宜去买只重款式不重质量的鞋子，否则当你某天逛商场时，鞋底的突然脱胶会带给你前所未有的尴尬。

——没有哪个女人天生喜欢做家务，我们都知道做家务很累，但是又不能总是依赖钟点工帮我们完成。作为女人，有时还是要做一些简单的家务，比如扫地、整理房间、擦桌子等。想要减轻疲劳，可以一边听音乐，一边做家务，久而久之，还会觉得这是一种享受呢。

——读书可以益人心智，增长见识，怡人性情。女人更是要多读点书，才能遇见更好的自己。所以，我的枕边总会放上一本书，睡前习惯看上几页，让自己成为更有知识的女人。因为知识不仅是女人的美容佳品，更是心灵的滋润品。

——我喜欢每天都发一篇微博，记录自己的心路历程以及心情故事。文字有一种神奇的力量，它可以安慰人，也可以疗伤。透过文字，也希望能给与我一样渴望听到内心声音的人一些感悟。

——每隔一段时间，我会变换一种发型，前提是要适合自己的脸型以及个性，当然还要与自己的服饰相搭配，才能取得整体的和谐美。否则，你能想象一个弄着爆炸头的女人穿着职业套装是什么模样吗？

——在闲暇时，我喜欢整理衣柜，把各种衣服按种类或者季节叠放在不同的位置；还会把不想再穿的衣服挑出来放在一个箱子里，等待机会送给适合的人穿。

——不要总是穿同一种风格的服装，会让人觉得你单调和一成不变，所以我偶尔会买一套与平日风格不同的服装，感受新的造型，也能给周围的人一个惊喜。

——感到自己快要发脾气时，尽量地克制自己，没必要用别人的缺点来惩罚自己，多想想那些开心的事，为小事大动肝火只会对自己的健康不利。今天再大的事，到了明天就是小事；今年再大的事，到了明年就是故事。因此，当我遇到生活中、工作中不顺心的事时，会对自己说：不好的事情总会过去，迎接崭新的开始，未来的一切都会好起来！

——凡事都不会太较真，即使是亲人或者朋友跟自己意见不合，次日就会把所有的不快忘掉。因为每个人都有自己的生活方式以及不同的人生理念，不要强迫别人都赞同你。

——心情好的时候，我会下厨做一顿可口的饭菜，并用精致的餐具盛载，那是对生活的一种尊重。品尝美食会让人感觉到幸福，特别是做给自己心爱的人吃，看到他的脸上洋溢着满足的笑容，自己也会万般欣喜。

——每个人的生活都不会一帆风顺，不必在意生活到底会给自己出怎样的难题，关键不在于经历什么，而在于自己用什么心态去面对生活，去包容生活，去顿悟生活。只有良好的心态，平衡的心理，才能让你领悟到生活的幸福。

——信奉"青春不是人生一个时期，而是一种心态"，我会永远保持年轻的心态，以及追逐梦想的恒心。因此，年龄对于女人来说并不可怕，真正懂得生活的女人是不应该回避数字的，它们只不过是个代号而已，我们应该用丰富的思想来填充数字。

——当你越来越漂亮时，自然有人关注你；当你越来越有能力时，自然会有人看得起你。我要努力地改变自己，不断地提升自己，如此才能获得自信，梦想也才会慢慢实现。

——人生本来就不易，珍惜身边的幸福，欣赏自己拥有的。背不动的就放下，伤不起的就看淡，想不通的就丢开。要想获得理想的人生，就必须学会做一个睿智的女人。

——健康才是我们最大的财富。想要保持身体的健康，就要少吃肉，多吃水果和蔬菜。必要时，我会给家人制定一份养生菜谱。

——作息时间必须要有规律，平时争取早睡早起。但是，周末的早上我会稍微晚起，因为一个有效的美容觉会令人容光焕发。

——不能一直停留在自己的小圈子里，这样会变得越来越孤陋寡闻。做一个善于交际的女人，是每个积极生活的女人所应具备的能力之一。只要有时间，我都会参加作家协会组织的各种活动，提高与人相处和谐的能力。

——每个人生阶段都给自己制定一个目标，然后努力去实现它，即使平淡的生活也一样能活出滋味、活出精彩！

后　记

　　创作这本书是我最愉快的一次写作经历，因为兴趣正是推动我前进的动力。我从念高中的时候开始，就已经关注时尚，喜欢一切时尚的事物。那时，我扎头巾、穿长马甲、笔直的喇叭裤，还把额头的刘海烫卷，总是喜欢走在潮流的前沿。我和所有爱美的女孩一样，也有过偷穿妈妈高跟鞋还有漂亮裙子的成长经历。直到长大以后，我才发觉，女人只有漂亮的外表是不够的，还必须要有丰富的内涵以及优雅的气质。

　　气质是一种无形的东西，看不见，抓不牢。它并不是靠买几件漂亮的衣服，化一个精致的妆容就可以拥有的东西。所以很多女孩觉得要改变自己似乎很难，甚至没有任何自信。其实，我小时候也和她们一样，常常被自卑感所困扰，看着镜中的自己，觉得脸太长、鼻梁塌、嘴唇厚，还有身材也过于清瘦。所以，我走路常常是驼背的，看起来也毫无气质可言。直到某一天我从电视上看到影片《罗马假日》，不禁被奥黛丽·赫本饰演的"安娜公主"浑身散发出的清纯气质迷住了。她那微微斜睨的大眼睛，高挺的鼻梁，平平的双肩，窈窕的身段，无一不在吸引观众的眼球。她是优雅的代名词，也是典雅、高贵、清纯的混合体。影迷们称呼她为"落入凡间的精灵"，是他们心中最圣洁的银幕偶像。即使是年华老去，她仍然拥有春风拂面般的笑容、娴静自然的姿态，这便是一种至高的境界。

奥黛丽·赫本在我眼中更多的是代表一种清纯和时尚。她甜美的笑容，自然亲切的表演，在电影史上，书写了一个又一个的传奇。女人的美丽，需要一个慢慢修炼的过程。而优雅的女人，更是需要岁月的磨砺，在人生的种种境遇中，不断成熟和完善，久而久之，哪怕是一个眼神，一个手势，都会显得优雅无比。她是比利时银行家的女儿，自幼勤习芭蕾舞，早年从事模特儿和舞蹈工作，还在英国学过表演，这些都成就了她的独特气质。因此，她的美浑然天成，但不仅仅表现在容貌、身材上，同时还表现在她的心灵上。可是她的人生也并非一帆风顺，甚至还有些不幸。据说她的两次婚姻均以失败告终，但她仍然坚强乐观。晚年时，她又投入联合国儿童基金会的活动，不遗余力地救灾济贫，以实际行动呈现了一种别样的美丽。虽然赫本的身材很纤细，但她的风采依然令无数人倾倒，于是我暗暗下了决心，以后一定也要成为一位气质优雅的女子。我惊喜地发现，女人只要有了自信，所有的一切都会变得简单和顺利。之前我认为有缺点的五官，如今也变得越来越顺眼了。这么多年过去后，有一次在商场偶遇一位朋友的姐姐，她竟说我变得比以前更漂亮、更有气质了。没想到，岁月的侵蚀并没有夺去我的容颜，反而让我变得更有魅力了，这一切都是因为气质。

女人30岁之前，靠的是容貌的美丽，但是，在30岁之后则要靠身上的气质了。因为岁月很无情，当你的年龄达到一定的数字，漂亮就不再是你的亮点。只有注重外表修饰的同时，还具有优雅的气质，才是无可比拟的恒久魅力，它还会随着时间的叠加与日俱增。要记住，青春的美貌只能美丽一时，优雅的气质则可以美丽一世。女人年轻时，美貌能使她获得众人的青睐，但到了中年以后最吸引人的还是气质。一个有文化、有修养、有情趣、有魅力的气质女人才可以终身美丽。女人的气质源自于内心，一个气质高贵的女人应该不断地丰富自己的内涵，做到善良温柔、积极上进、自信独立，还要有独特的审美观，在众人面前举止端庄、自然真挚、别具情调。因此，可以说气质是女人经久耐用的时装和化妆品。即便是素面朝天、普通衣着的气质女人，走入浓妆艳抹、衣着华丽的俗媚女人中间，也会显得格外引人注目。

因此，我一直都在这方面努力，学习如何才能拥有女人最迷人的气质。自从我看了羽茜女士写的《提升女人气质的一百个细节》就深受启发，萌发了把自己的经验分享给大家的念头，希望能帮助更多的女性成为自己理想中的样子。我翻阅了很多有关女性美容、服饰以及心理的书籍，再结合自己多年来的美容经验，终于写成了这本能够提升女性气质的书籍。

在这里，我首先要感谢这本书的编辑秦老师，感谢她对我的信任和支持，以及为了这本书的进一步完善所做出的努力。我还要感谢化妆师蓓蓓，她给我讲述了一些有关妆容方面的知识。还有朋友李雪，在她的鼓励下，我才下了决心一定要写好这本书。要感谢的人当然还有我的家人，没有他们的帮助与理解，我是没有办法利用业余时间去完成这本书的。

最后衷心感谢大家对这本书的支持与抬爱！